Zach Davis

Zeitintelligenz®

vom Zeitmanagement
zur Zeitintelligenz

Peoplebuilding-Verlag

Zach Davis
1. Auflage
Titel: Zeitintelligenz®: vom Zeitmanagement zur
                 Zeitintelligenz
ISBN: 978-3-941546-03-5
Erstauflage: Peoplebuilding-Verlag, Geretsried (2011)

www.peoplebuilding.de

Coverfotos: Peoplebuilding
Coverdesign: Berkan Sezer & Tobias Wieditz, München
Druck: cpi books, Ulm
Zeichnungen: Isabell Baur

Inhaltsverzeichnis

Vorwort

Ein modernes Konzept für echte Zeitintelligenz

In weniger Zeit mehr und genau das erledigen, was man auch schaffen wollte – das Ganze ohne Stress und nicht nur an drei Tagen im Monat, sondern dauerhaft: Für viele ist das ein Wunschtraum. In der Realität sieht es oft anders aus, da brennt es an allen Ecken und es ist allenfalls noch Zeit, das Allernotwendigste halbwegs in den Griff zu bekommen. Dabei liegen die Nerven manchmal blank und sowohl die Freude an der Arbeit als auch die Qualität bleiben auf der Strecke. Weil diese Situation so viele Menschen betrifft und überaus unbefriedigend ist, habe ich mich als Experte für persönliche Souveränität ausgiebig mit dem Thema Zeitsouveränität befasst. In meinen Seminaren und Coachings habe ich im Laufe der Jahre Erfahrungen mit Tausenden Teilnehmern ausgetauscht. Das Thema liegt mir besonders am Herzen, da ein ineffektives Zeitmanagement das ganze Leben durcheinanderbringen kann – es wirkt sich negativ auf die gesamte Persönlichkeit und das eigene Auftreten aus und wird auf Dauer nicht nur eine Belastung für den Beruf, sondern auch für das Privatleben. Deshalb ist jeder Schritt wichtig, der dabei hilft, sich aus dem täglichen Hamsterrad zu befreien. Und ich bin überzeugt, dass die richtigen Impulse kleine Wunder bewirken können.

Was für viele ein Wunschtraum ist, muss keiner bleiben. Zach Davis beweist, dass er ein wahrer Kenner der Materie ist. Er zeigt seinen Lesern den direkten Weg zu einer selbstbestimmten Zeiteinteilung wohl wissend, dass die Methoden des klassischen Zeitmanagements inzwischen etwas Staub angesetzt haben. Mit seinem Buch liefert Zach Davis das überfällige Update mitsamt innovativen und verblüffend wirkungsvollen Strategien. Ging es bisher letztlich darum, von Brandherd zu Brandherd zu springen und gewissermaßen Feuerwehr im Dauereinsatz zu spielen, lernen wir nun, dass es auch anders geht. In einem meiner Artikel zum Thema Zeitsouveränität habe ich das Problem beschrieben: Niemand hat Zeit, seine Unterlagen und den Schreibtisch aufzuräumen, aber alle haben Zeit zum Suchen. – An dieser Stelle setzt auch Zach Davis an. Wir erfahren, wie viel effektiver es ist, mehr am Prozess zu arbeiten, statt ständig nur im Prozess zu werkeln. So werden wir zum weitsichtigen Strategen, der den Brand oft schon am Entstehen hindert.

Die meisten Menschen, deren Zeitmanagement aus den Fugen geraten ist, wissen letztlich ganz genau, dass vieles leichter von der Hand gehen würde, wenn es ihnen nur gelänge, methodischer und strukturierter ans Werk zu gehen. An guten Vorsätzen in dieser Richtung mangelt es den wenigsten, doch an der Umsetzung hapert es oft gewaltig. Das Resultat ist ein unbefriedigender Zustand, der Wochen, Monate, sogar Jahre anhalten kann. Währenddessen werden wichtige Arbeiten unkoordiniert oder nachlässig ausgeführt, sodass immer mehr Zeit dafür verwendet werden muss, Fehler und Versäumnisse von gestern und vorgestern auszubügeln. Völlig auf der Strecke bleiben in einer solchen Situation ausgerechnet die Pläne und Vorhaben, die für einen selbst von großer Bedeutung sind und die eine längst notwendige Veränderung einleiten würden. Das macht das Thema gerade heute so wichtig. Denn wo der berufliche Erfolg oder das Privatleben auf der Strecke bleibt, entsteht zwangsläufig Unzufriedenheit – Stress und Demotivation verschlechtern die Situation zusätzlich. Schließlich bedeutet Zeitsouveränität, wie ich es nenne, weit mehr als das bloße Einhalten von Terminen. Zach Davis packt das Problem bei der Wurzel und räumt nebenbei mit vielen Irrtümern des klassischen Zeitmanagements auf – vor allem ist es ihm gelungen, ein neuartiges und im wahrsten Sinne des Wortes zeitgemäßes Konzept auf die Beine zu stellen, das nicht abstrakt theoretisiert, sondern konkrete Hinweise für die Praxis und unser aller Umgang mit dem Faktor Zeit liefert.

Wer dieses Werk liest, wird sich an vielen Stellen selbst wiedererkennen und schon nach wenigen Seiten erahnen, dass es einen Ausweg aus der Misere gibt. Mit einer guten Prise Humor und einem intelligenten Konzept weist Zach Davis seinen Lesern den direkten Weg aus dem Labyrinth, das unzählige Menschen in Form von Zeitnot, Stress, Druck, Rettungsaktionen in letzter Sekunde um sich herum haben. Wenn Sie mehr als nur das Allernotwendigste halbwegs in den Griff bekommen wollen, kann ich Sie zur Wahl dieser Lektüre nur beglückwünschen.

Ihr Stéphane Etrillard

Bestsellerautor, Vortragsredner & Top Executive Coach

www.etrillard.com

Der beste Retter der Welt

Stellen Sie sich einen reißenden Fluss vor. Immer wieder müssen Menschen aus diesem Fluss gerettet werden. Retter Richard eilt immer herbei – schnell, effizient, zuverlässig. Oft erst in letzter Sekunde. Aber er schafft es immer irgendwie. Eigentlich sind es zu viele Menschen für nur einen Retter. So geht es jeden Tag. Aber mit großem Einsatz schafft er es jedes Mal. Leider hat er keine Zeit, mal zu schauen, wer 100 Meter weiter flussaufwärts steht und die Menschen hinein schubst. Diese einleitende Geschichte hat natürlich keine Parallelen zu Ihrem Alltag.

Realität in punkto Zeitmanagement

„Mittlerweile bin ich Halbtagskraft. Ich arbeite nur noch 40 Stunden pro Woche."

Kennen Sie das? Am Ende eines Arbeitstages ziehen Sie Bilanz und stellen fest, dass Sie den ganzen Tag aktiv waren und auch viel geschafft haben – nur nichts von dem, was Sie sich vorgenommen hatten. Haben Sie auch das Gefühl, immer mehr reagieren zu müssen, statt agieren zu können? Fühlen Sie sich auch hin- und hergerissen zwischen ganz dringenden Dingen und mittelfristigen Themen, die Sie auch vorantreiben wollen bzw. sollen? Schaffen Sie die Deadlines in der Regel irgendwie dann doch, jedoch mit dem Preis vieler Überstunden oder eines hohen Stressniveaus?

Wenn Sie auch nur eine der obigen Fragen bejahen können, dann haben wir ein paar spannende Themen für unsere gemeinsame Zeit, die wir durch dieses Buch miteinander verbringen können. Die obigen Punkte sind die häufigsten Aspekte, die mir immer wieder in Einstiegsrunden von Seminaren zum Thema Zeitintelligenz genannt werden – übrigens egal, ob es Mitarbeiter oder Führungskräfte einer Bank, einer Unternehmensberatung, eines Hotels, eines Softwareherstellers, einer Behörde oder der holzverarbeitenden Industrie sind – wobei viele häufig meinen, dass es im eigenen Umfeld ganz besonders extrem ist, was subjektiv durchaus nachvollziehbar ist.

Übrigens warten viele Menschen darauf, dass es bald wieder „ruhiger wird". Die schlechte Nachricht lautet: Es wird nicht ruhiger werden. Die Welt dreht sich immer schneller. Das Wissen der Menschheit verdoppelt sich aktuell etwa alle fünf Jahre. Die modernen Kommunikationsmedien haben die Welt völlig verändert und werden dies auch weiterhin, und zwar zunehmend schneller. Können Sie sich noch daran erinnern, dass Mobiltelefone, E-Mails und Co. ursprünglich als Zeitsparinstrumente angepriesen wurden? So nützlich die technischen Möglichkeiten an vielen Stellen sind: Die meisten Menschen haben unter anderem durch die Technik eher das Gefühl, weniger Zeit zu haben als früher. Wie geht es Ihnen? Haben Sie die Zeitfreiheit, die Sie sich wünschen?

Klassisches Zeitmanagement reicht heute leider nicht mehr! Was ist klassisches Zeitmanagement und was meine ich damit, dass es nicht mehr reicht? Im klassischen Zeitmanagement (selbst wenn Sie ein gutes Buch oder Seminar genießen) wird Ihnen auf die unterschiedlichsten Weisen sinngemäß Folgendes vermittelt: Mache eine Liste der zu erledigenden Aufgaben. Dann ordne die Aufgaben nach Wichtigkeit und Dringlichkeit (was mache ich, wenn sich das widerspricht?) und fange oben an, deine Liste abzuarbeiten. Das ist nicht schlecht, aber in meinen Augen höchstens die zweitbeste Strategie. Warum ich diese Ansicht vertrete, erfahren Sie im Laufe dieses Buchs. Ein Grund ist, dass viele Menschen permanent das Gefühl haben, dass die Liste im Laufe der Zeit eher länger als kürzer wird und dies schlichtweg unbefriedigend ist, weil man nie fertig wird.

Wo liegt die perfekte Lösung?

Habe ich die perfekte Lösung? Nein, ich habe nicht die Weisheit mit Löffeln gefressen, weiß nicht alles und schon gar nicht alles besser. Ich habe jedoch sehr viel Erfahrung im Trainieren, Coachen und Begleiten der unterschiedlichsten Menschen – von „normalen Angestellten" über Führungskräfte bis hin zu Personen auf Weltklasseniveau im jeweiligen Bereich: in Seminaren, bei Impulsvorträgen und im Einzelcoaching. In diesem Buch habe ich die besten Strategien, die für buchstäblich tausende Menschen gute Fortschritte gebracht haben, zusammengefasst. Hierbei werden Sie nicht in irgendeine Form gepresst. Dies ist ein Grund, weshalb viele Seminarinhalte (nicht nur beim Zeitmanagement) an der praktischen Umsetzung scheitern. Vielmehr ermöglichen es meine Konzepte, Prinzipien und Tipps, den persönlichen Stil einzubringen und diejenigen Dinge herauszupicken, die für Sie persönlich am besten passen.

Möchten Sie auch mehr schaffen in weniger Zeit? Wer möchte das nicht? Die meisten Menschen beschäftigen sich irgendwann einmal mit dem Themenkomplex Effektivität, Zeitmanagement, Zielfindung, Zeitverwendung und Zeitsparen aus einem von zwei Gründen: Entweder weil sie merken, dass die Aufgaben und Anforderungen immer weiter steigen und sich Fragen aufdrängen wie: „Wie soll ich das bloß alles schaffen?" Oft ist es so, dass beispielsweise in einer Abteilung vorher zehn Leute gearbeitet haben, dann einer in den Ruhestand gegangen ist und einer das Unternehmen gewechselt hat und es somit nur noch acht Personen sind, weil die Stellen nicht nachbesetzt wurden. Wenn Sie eine solche Situation kennen, sind Sie kein Einzelfall. Die andere Kategorie von Gründen, weshalb Menschen sich häufig mit dem Themenkomplex Effektivität und Zeitmanagement beschäftigen, ist, dass sie merken: „Ich schaffe das zwar alles weiterhin immer irgendwie, aber der Stresspegel steigt immer weiter an." Eine Folge beispielsweise ist, dass man immer mehr Dinge mit nach Hause nimmt – physisch wie psychisch. Bei einem physischen Stapel ist es oft ein wenig absurd: Man nimmt einen großen Stapel an zu bewältigenden Materialien ins Wochenende mit nach Hause - nur um dann den gleichen Stapel, der meistens nicht so wahnsinnig viel kleiner geworden ist, am Montagmorgen wieder ins Büro zu tragen - zusammen mit dem schlechten Gewissen, wieder nicht alles geschafft zu haben.

Vielleicht kennen Sie auch das Gefühl, sich zu freuen, dass es endlich 17 Uhr ist. Nicht weil Feierabend ist, sondern um beim Arbeiten endlich Ruhe zu haben und endlich zu den Dingen zu kommen, die wirklich wichtig sind. Die provokative Frage, die ich in diesem Zusammenhang stelle, ist: Was haben Sie bis dahin gemacht, also bis 17 Uhr? Wenn es nicht gerade ein Tag mit ungewöhnlich vielen „Feuerwehreinsätzen" war, dann erscheint mir der Zeiteinsatz (und vermutlich die Steuerung der eigenen Erreichbarkeit – mehr dazu an späterer Stelle) zumindest nicht ganz optimal.

Erfahrungshorizont von Zach Davis

Bevor wir noch tiefer ins Thema abtauchen: Wer bin ich überhaupt? Mein Name ist Zach Davis. Ich bin gebürtiger US-Amerikaner, bin in Philadelphia in den USA geboren und schließlich im reifen Alter von knapp drei Jahren nach Deutschland gekommen, habe meine ganze Schul- und Studienzeit im Köln-Bonner Raum verbracht und BWL in Köln studiert. Anlässlich meines Berufsstarts bei der KPMG Consulting AG zog ich nach München. Dort war ich ein paar Jahre in einem Bereich tätig, der sich „World Class Human Resources Consulting" nannte. Spätestens jetzt wissen Sie, mit wem Sie es zu tun haben. Das war übrigens ein leicht ironischer Seitenhieb auf die, wie ich finde, etwas hochtrabende Bereichsbezeichnung. Aber es war definitiv eine lehrreiche und spannende Zeit, die ich nicht missen möchte. Dann habe ich Anfang 2003 ein kleines Trainingsinstitut namens Peoplebuilding, ebenfalls mit Sitz in München, gegründet und bin seitdem unterwegs als Trainer, Redner, Autor und Coach in Sachen persönliche Effektivitätssteigerung - übrigens neben dem Thema dieses Buchs auch spezialisiert auf das Thema „Schnelllesetechniken".

Das war die offizielle Kurzbiographie. Wer bin ich wirklich und warum schreibe ich Ihnen dies an dieser Stelle des Buchs? Ganz einfach: Wenn Sie sich nicht zumindest an der einen oder anderen Stelle mit meinen Schilderungen und zu einem gewissen Grad mit meiner Person identifizieren können, dann werde ich Sie mit meinen Botschaften mit hoher Wahrscheinlichkeit nicht wirklich erreichen.

Also wer bin ich wirklich? Ich bin jemand, der einfach den Wunsch nach mehr (unter anderem zeitlicher) Freiheit hatte und deshalb ein eigenes Unternehmen gegründet hat. Wie Sie, kenne auch ich durchaus das Gefühl, in verschiedene Richtungen gezerrt zu werden: beispielsweise zwischen beruflichen Anforderungen einerseits und dem Privatleben andererseits. Ich leite ein Unternehmen mit ehrgeizigen Zielen und einer Tätigkeit, die eine nicht unerhebliche Reisezeit erfordert und ich habe eine Familie mit kleinen Kindern, deren Entwicklungsphasen ich nicht verpassen will und auf welche ich positiven Einfluss nehmen möchte. Dann habe ich, genau wie Sie, auch noch andere Lebensbereiche wie beispielsweise die eigene Gesundheit. Aktivitäten in diesem Bereich lassen sich nur schwer delegieren. Gerade hier unternehme ich viele Dinge (Sport treiben, gesunde Ernährung), von denen viele Menschen meinen, es seien Opfer. Nichts könnte weiter von der Wahrheit entfernt sein. Es wäre ein viel größeres Opfer, diese Dinge nicht zu tun. Der Grund ist einfach:

Ich hätte sonst nicht im Ansatz die Energiemenge, die notwendig ist, um dasselbe Pensum zu absolvieren, oder würde im Anschluss auf der Couch zusammenklappen. Ich geben Ihnen ein Beispiel einer ziemlich repräsentativen Woche (Montag bis Freitag): 3 Seminartage, 2 Vortragseinsätze mit 2 längeren und 3 kürzeren Ortswechseln als „Grundauslastung". Weitere Themen: Schreiben eines Artikels für eine Fachzeitschrift, Platzierung eines neuen Trainers bei mehreren Stammkunden, komplettes Korrekturlesen aller neuen Webseiteninhalte (über 200 Seiten) vor Veröffentlichung, Planungsarbeit mit unserem spanischen Lizenznehmer für PoweReading, Prüfung eines Vorschlags bezüglich einer Kooperation, monatliche Umsatzsteuer auf Plausibilität prüfen, Pressekonzept für das nächste Jahr entwerfen, einem Praktikanten eine Verhaltensänderung beibringen. Ich will Sie nicht mit Details aus meinem Unternehmen langweilen. Auch sind Ihre Themen vermutlich anders gelagert. Aber ich will Ihnen Folgendes aufzeigen: Ich weiß, wie es ist, viele verschiedene Hüte zu tragen. Das oben Dargestellte war ohne Übertreibung eine ganz normale Woche. Und dennoch bin ich ziemlich relaxed, es macht die meiste Zeit Freude und ich arbeite im Durchschnitt „nur" ca. 45 Stunden pro Woche.

Meine Erfahrung stammt natürlich nicht nur aus meinem eigenen Leben, sondern auch aus meiner mittlerweile langjährigen Zusammenarbeit mit Menschen. Ich hatte und habe trotz meines relativ jungen Alters die Gelegenheit, mit buchstäblich zehntausenden Menschen im Rahmen von Vorträgen, mit tausenden Menschen in Seminaren und hunderten von Menschen in Form eines Einzelcoaching zu arbeiten. Bei diesen vielen Menschen, mit denen ich zusammengekommen bin, habe ich gewisse Gemeinsamkeiten (Muster) entdecken können: Muster bei Menschen, die erfolgreich (was natürlich zumindest teilweise individuell ist) und gestresst sind, Muster bei Menschen, die erfolgreich und wenig gestresst sind (spannende Kombination), Muster bei Menschen, die erfolglos und wenig gestresst sind, Muster bei Menschen, die erfolglos und total gestresst sind (tragische Kombination). Es gibt Menschen, die einerseits sehr erfolgreich sind und auch sehr zufrieden, d.h. ein sehr erfülltes Leben haben, unter anderem, indem sie das private und das berufliche Leben in einen guten Einklang gebracht haben. Andererseits gibt es Menschen, die scheinbar die gleichen Voraussetzungen haben, sich jedoch unheimlich schwer tun. Diese haben oft das Gefühl, sich im sprichwörtlichen Hamsterrad zu befinden, also nicht wirklich weiter voran zu kommen. Manche Menschen sind nach außen hin sehr erfolgreich, aber innerlich unzufrieden, oft weil einzelne Lebensbereiche auf der Strecke geblieben sind. Die Klassiker sind hierbei natürlich die Themen Gesundheit, Freizeit und Familienleben. Die beobachteten Muster kann man nutzen, um diese wiederum anderen Personen zu vermitteln. Um solche bewährten Strategien geht es unter anderem in diesem Buch – ohne personenspezifische Unterschiede und Situationen außer Acht zu lassen.

Besondere Erlebnisse

Ein sehr einprägsames Erlebnis war eine Begegnung mit einem Mann namens W. Mitchell. Er hat eine sehr spannende Biografie hinter sich: Bei einem Motorradunfall, den er äußerst knapp überlebte, hat er stärkste Verbrennungen erlitten. Über 80 Prozent seiner Haut waren betroffen. Letztendlich hat er überlebt und es irgendwie geschafft, wieder auf die Beine zu kommen – psychisch und physisch. Im Laufe der Monate durchlief er lange Reha-Maßnahmen, um dann später eine neue Karriere zu starten. Mit den veränderten optischen Voraussetzungen (um es sehr diplomatisch auszudrücken) hat er es geschafft, Bürgermeister einer kleinen Stadt zu werden. Vier Jahre nach diesem Unfall saß er als Pilot in einem Kleinflugzeug, das beim Start einen Unfall hatte. Alle anderen Insassen konnten mit nur leichten Verletzungen aufstehen. Mitchell nicht. Seitdem ist er querschnittsgelähmt. Spätestens nach diesem zweiten Schicksalsschlag hätten fast alle Menschen aufgegeben. Mitchell nicht. Seit einiger Zeit schafft er es sogar auf die Bühne und ist mittlerweile ein international sehr gefragter Referent. Er scheint sein Leben auch sonst relativ gut auf die Reihe zu bekommen, trotz dieses Handicaps, das die Mehrzahl der Menschheit nicht hat. Er hätte für vieles eine sehr gute Ausrede. Das nächste Mal, wenn Sie sich bei einer Ausrede ertappen: Stellen Sie sich die Frage, was Mitchell wohl dazu sagen würde.

Natürlich gibt es unter meinen Begegnungen wesentlich mehr Geschichten, die deutlich weniger spektakulär sind. Geschichten von Menschen wie Sie und ich, die einen ganz normalen Alltag haben, aber auch ganz alltägliche

Probleme – zum Beispiel mit Kindern, die nicht schlafen wollen, wenn Eltern es wollen. Was ich einfach nur zum Ausdruck bringen will ist: Es gibt gewisse Gemeinsamkeiten, die wir Menschen fast alle haben. Es gibt bestimmte Herausforderungen, für die es in sehr vielen Fällen auch sehr gute Lösungen bei anderen Menschen gibt, die ähnliche Herausforderungen hatten. Davon werden Sie im Laufe dieses Buchs profitieren und somit in einigen Bereichen von den „Besten" lernen. Damit meine ich ausdrücklich nicht meine Person. Ich fühle mich eher wie bei einem übersetzten Sprichwort, das lautet: Auf den Schultern eines Riesen kann ich sehr weit sehen. Es gab mittlerweile sehr viele Riesen, auf die ich mich „stellen" konnte, von denen aus ich möglicherweise eine etwas andere Perspektive habe als viele andere Menschen.

Lernen von den Besten

Zum Thema „Lernen von den Besten" gebe ich Ihnen zwei Beispiele: Brian Tracy ist ein sehr erfolgreicher Redner. Nebenbei schafft er es seit einigen Jahren, vier Bücher jährlich zu publizieren, welche fast alle Bestseller werden. Er hat rund 100 Trainings- und Vortragseinsätze im Jahr, hat immer eine Unzahl von Projekten parallel laufen und dennoch über 100 Tage im Jahr frei. Das ist für mich, vor allem als jemand, der sich in derselben Branche bewegt, ein sehr gutes Beispiel für gelebte Effektivität. Verallgemeinert und auf gut Deutsch ausgedrückt: Beruflich weit überdurchschnittliche Dinge hinbekommen und gleichzeitig ein sehr gesundes Maß an

Freizeit zu haben – das ist für mich wirkliche Effektivität.

Mit „Lernen von den Besten" meine ich aber auch das Erlernen sehr spezifischer, nützlicher Fähigkeiten, die Zeit sparen. Sehr intensiv habe ich eine Dame namens Anne Jones analysiert. Sie hat sechs Jahre hintereinander die Schnelllese-Weltmeisterschaften gewonnen. So etwas gibt es wirklich. Da trifft sich ein Haufen Verrückter, die ihr Lesetempo und ihr Textverständnis messen lassen. Ersteres wird dann ausgedrückt in Wörtern pro Minute. Das sind quasi die km/h, mit denen man liest. Letzteres wird gemessen im Anteil der richtig beantworteten Fragen zum Text. Diese beiden Zahlenwerte werden miteinander multipliziert. Wer in der Multiplikation den besten Wert hat, ist dann der Weltmeister im Schnelllesen. Bei einem öffentlichen Auftritt hat Anne Jones einen Harry-Potter-Band mit knapp 800 Seiten in 47 Minuten geschafft und hat anschließend über 70 % aller Fragen zum Text richtig beantworten können. Kurz vor dem Schreiben dieser Zeilen habe ich den aktuellen Weltmeister im Namenmerken interviewt (erhältlich als Audio-CD), Boris Nikolai Konrad. Es ist spannend und lehrreich zugleich, von solchen Menschen zu lernen.

Vor mittlerweile vielen Jahren habe ich mir die Frage gestellt, ob es sein kann, dass solche Menschen nicht einfach nur Glück hatten mit ihrem Talent und ihrer Genetik. Vielleicht gibt es vielmehr bestimmte Muster, Gründe und Verhaltensweisen, die zu hervorragenden Ergebnissen in verschiedenen größeren und kleineren Lebensbereichen führen. Ich bin der Meinung, dass es das Gesetz von Ursache und Wirkung in vielen

Bereichen gibt. Wo es eine Wirkung gibt (bspw. so schnell lesen zu können oder sich 201 Namen in 15 Minuten merken zu können), gibt es in der Regel auch eine oder mehrere Ursachen, die zu dieser Wirkung führen.

Möglichst effektiv wollen wir sein. Was heißt überhaupt Effektivität? Es gibt viele verschiedene Definitionen. Für mich ist Effektivität dann gegeben, wenn Erfolg einerseits und Zufriedenheit andererseits zusammentreffen. Das Eine ist ohne das Andere nicht viel wert. Ich gehe sogar so weit zu behaupten, dass Erfolg ohne Zufriedenheit (im Sinne von Erfüllung) kein Erfolg ist.

Ein paar Begrifflichkeiten

„Ich wusste es wurde Zeit, unsere Organisation zu vereinfachen, als wir anfingen unsere Abkürzungen abzukürzen."

Oft werde ich gefragt: „Herr Davis, was ist denn überhaupt der Unterschied zwischen Effektivität und Effizienz?" Angenommen, Sie leben in München und wollen geschäftlich nach Moskau. Wenn Sie einen Kompass haben, diesen korrekt bedienen und somit in die richtige Richtung marschieren, dann sind Sie zwar effektiv (Sie kommen irgendwann an), aber nicht effizient (dauert lange). Wenn Sie einen Direktflug von München nach Moskau nehmen, dann sind Sie sowohl effektiv als auch effizient. Wenn Sie sich in einen Flieger nach Südafrika setzen, dann sind Sie nicht effektiv. Ihr Ziel war ja ein anderes, nämlich Moskau. Immerhin sind

Sie effizient, da das Verkehrsmittel (zumindest zeitlich betrachtet) eine gute Relation zwischen Input (Ihr Zeiteinsatz) und dem Output hat (ans Ziel kommen). Diese hohe Effizienz bringt Ihnen aber nichts. Es ist wie mit der besten Leiter der Welt, die an der falschen Mauer steht. Hoffentlich handelt es sich hierbei nicht um Ihre Karriereleiter. Preisfrage: Welche Kombination haben Sie, wenn Sie zu Fuß in Richtung Südafrika loslaufen? Effektiv? Effizient? Es ist die Kombination: Ihnen ist nicht zu helfen.

Eine zweite definitorische Frage: Was ist der Unterschied zwischen wichtig und dringend? Dingend ist eine rein (!) zeitliche Komponente. Wenn Sie noch viel Zeit bis zu einer Deadline haben, dann ist die Sache nicht dringend. Übrigens ist Deadline ein spannendes Wort. Dead-Line: die Todes-Linie. Dieses Wort bringt ein anderes Gefühl mit sich als das Wort Abgabetermin. Egal. Wenn Sie bis zur Deadline nicht mehr viel Zeit haben, dann ist die Angelegenheit dringend. Schon jetzt sei angemerkt, dass die Dringlichkeit nichts mit der Wichtigkeit zu tun hat. Bei der Wichtigkeit geht es um die Auswirkung. Hat etwas eine starke Auswirkung (in einem relevanten Bereich), dann ist die Sache wichtig. Wenn die Auswirkung geringer ist, dann ist auch die Wichtigkeit niedriger. Eine große Gefahr für unser Zeitmanagement besteht darin, Wichtigkcit und Dringlichkeit zu verwechseln. Aber dazu später mehr.

Im Folgenden lernen Sie zweierlei kennen: zum einen Denkprinzipien hocheffektiver Menschen, damit Sie in Planungssituationen, bei Entscheidungen und im Eifer des Gefechtes den sprichwörtlichen „Wald vor lauter

Bäumen" weiterhin sehen, also nicht die Übersicht und somit Ihre Zeitintelligenz und Zeitsouveränität verlieren. Zum anderen erhalten Sie eine ganze Menge Einzeltipps, um an verschiedenen Stellen hier und da Zeit zu sparen, was in der Summe eine ganze Menge ausmachen wird. Genau genommen werden Sie in Summe 40 Einzeltipps erhalten, aus den unterschiedlichsten Bereichen. Diese sind primär beruflicher Natur, aber manche stammen auch aus dem privaten Bereich. Zusammengefasst geht es darum, mehr zu schaffen in weniger Zeit.

Die Zeit-Zielscheibe

„Ich hasse es zu kritisieren, aber du bist erst seit zwei Tagen hier und liegst schon drei Tage hinter dem Plan."

Wenn Sie in die Zeitmanagementliteratur schauen oder ein Seminar zum Thema besuchen, geht es fast immer um die schon definierten Aspekte Wichtigkeit und Dringlichkeit. Hier gibt es natürlich vier Kombinations-möglichkeiten: Wichtig & dringend, weder wichtig noch dringend, wichtig, aber nicht dringend und zu guter Letzt: nicht wichtig, aber dringend. Wenn Sie dann weiterlesen und dem Seminar weiter lauschen, wird Ihnen das sog. Eisenhower-Diagramm vorgestellt. Das ist das Modell mit den vier Quadranten. Sie haben es vielleicht schon mal gesehen. Vorweg: Ich habe nichts gegen das Eisenhower-Diagramm und schon gar nichts gegen Mr. Eisenhower, den ich übrigens nie kennen-gelernt habe. Dennoch halte ich es in der Praxis für wenig brauchbar, d.h. wenig zeitsparend (bevor ich Ihnen nach meiner Kritik eine Alternative anbiete). Warum?

Dort heißt es: Beim Quadranten „wichtig und dringend" soll man die Aktivitäten sofort angehen. Schön und gut, aber was macht man, wenn man zehn solcher Aufgaben davon auf einmal hat? Beim Quadranten „wichtig, aber nicht dringend" soll man terminieren, also das Ganze später durchführen. Das halte ich nicht für sinnvoll. Dazu gleich mehr. Aber was macht man bei dieser Kategorie von Aufgaben, wenn Personen auf der Matte stehen und es jetzt haben wollen? Beim Quadranten „nicht wichtig, aber dringend" soll man die Tätigkeit delegieren. Ok, nicht verkehrt. Aber was mache ich, wenn ich niemanden zum Delegieren habe oder die theoretisch verfügbaren Personen auch schon mit Arbeit überschüttet sind? Beim Quadranten „nicht wichtig, nicht dringend" soll man die Aktivität entsorgen, also gar nicht durchführen. Hier stimme ich zu, dass man hierauf so wenig Zeit wie möglich verwenden sollte. Aber wissen Sie was das größte Problem mit dem Diagramm ist? Auch wenn es nicht ganz verkehrt ist, unter uns gesprochen: Wenn man da sitzt und hat „viel zu viel zu tun in viel zu wenig Zeit". Wer macht sich da schon Gedanken darüber, welche Aufgaben welche theoretische Einordnung von Wichtigkeit und Dringlichkeit haben und welche theoretische Handlungsempfehlung sich daraus ableitet?

Dennoch sind die Themen Wichtigkeit und Dringlichkeit von Aktivitäten zentrale Fragen der eigenen Zeit-intelligenz. Ich möchte Ihnen eine andere Darstellungs- und auch Sichtweise anbieten: die Zeit-Zielscheibe.

Da es logischerweise weiterhin vier Kombinations-möglichkeiten gibt, gibt es auch hier vier Bereiche - in diesem Fall Ringe einer Zielscheibe. Das Ganze können

Sie sich vorstellen wie eine Dartscheibe – die Sorte Dartscheibe, bei der es innen viele Punkte und weiter außen weniger Punkte gibt.

Stellen Sie sich vor, Sie haben Darts in der Hand, z. B. 40 Stück.  Diese repräsentieren 40 Stunden, die Sie in einer Arbeitswoche zur Verfügung haben. Wohin zielen Sie mit den Darts? Natürlich auf die Mitte, den innersten Ring. Werden Sie immer das Bullauge treffen? Natürlich nicht! Aber je besser Sie beim Dartwerfen werden – als Metapher für Ihre Zeitverwendung – desto häufiger erzielen Sie die höchste Punktzahl. Angenommen, wir versuchen jetzt die (bei meiner Kritik des Eisenhower-Diagramms bereits angesprochenen) vier Kombinationsmöglichkeiten den vier Ringen zuzuordnen. Vorher sollten wir sinnvollerweise erst mal klären, was die Punkte beim Zeitmanagement sind. Wenn dies mit Seminarteilnehmern erarbeitet wird, kommt immer dasselbe Ergebnis heraus: Letztlich geht es um die Ergebnisse, die wir produzieren, und um das Stressniveau. Natürlich wollen wir in einer bestimmten Menge Zeit die bestmöglichen Ergebnisse erzielen und den Stress auf einem tragbaren Niveau halten. Nicht „null Stress", aber er soll ein bestimmtes Maß zumindest nicht dauerhaft überschreiten. Unsere Bewertungskriterien (die Punkte) sind also die Ergebnisse und das Stressniveau. Behalten wir das im Hinterkopf.

Was kommt in den äußersten Ring? Wenn ich Seminarteilnehmer frage, dann kommt relativ schnell eine meistens übereinstimmende Antwort: Kategorie „nicht wichtig, nicht dringend".

Prima, damit sind schon drei Viertel der insgesamt möglichen Kombinationen schon weg (ja, das ist mathematisch korrekt). Es ist nicht dramatisch oder schlimm, wenn wir dort auch mal Zeit verbringen. Aber es gibt am  wenigsten „Punkte". Was würde passieren, wenn Sie hier viel Zeit verbringen würden, also vielen Tätigkeiten nachgehen würden, die weder wichtig noch dringend sind? Was waren nochmal unsere Kriterien? Ergebnisse und Stress. Die Ergebnisse sind natürlich nicht gut, wenn wir lauter unwichtige Dinge verfolgen. Der Stresspegel ist ganz kurzfristig sehr gering. Aber nur so lange, bis uns die wirklichen Themen einholen. Beispiele sind Tätigkeiten, die mal sinnvoll waren, aber jetzt nur noch aus Gewohnheit durchgeführt werden – obwohl die Welt sich verändert hat. Auch Statistiken, die gemacht werden sollen, aber nicht handlungsentscheidend ausgewertet werden, gehören hierher. Die Einführung neuer Systeme, die nicht besser sind als die alten Systeme. Letztlich alle Aktivitäten ohne Fortschritt. Diesen Bereich nenne ich auch den Bereich der Flucht. Weil die meisten Menschen, die einen wesentlichen Teil ihrer Zeit hier verbringen, auf der Flucht sind vor Themen mit denen sie sich nicht auseinandersetzen wollen. Dies gilt übrigens beruflich wie privat. Ich weiß, in Ihrer Organisation gibt es solche Tätigkeiten nicht. Also wenden wir uns dem nächsten Bereich zu.

Was kommt in Ring Nummer 2 (von außen betrachtet)? Auch hier sind sich die meisten Seminarteilnehmer einig – auch wenn es manchmal schon Diskussionen gibt. Hier kommt die Kombination „nicht wichtig, aber dringend" hinein. Als Beispiele hierfür können wir alle Aktivitäten aus Ring 1 hernehmen, wenn wir noch eine kurz bevorstehende Deadline hinzufügen. Also beispielsweise die sinnlose Statistik, die bis zum 15. des Monats fertig sein muss. Nun stehen wir schon kurz davor

und haben kaum noch Zeit. Jetzt verursacht die sinnlose Aufgabe auch noch Stress. Damit sind wir auch schon bei der Frage: Was würde passieren, wenn Sie den überwiegenden Teil Ihrer Zeit hier verbringen würden (auch das tun Sie vermutlich nicht – sonst würden Sie nicht diese Zeilen lesen mit dem Ehrgeiz, besser zu werden)? Richtig: keine guten Ergebnisse. Wenn wir ehrlich sind: Kein bisschen besser als in Ring 1. Wir meinen nur manchmal, dass wir gute Ergebnisse erzielen, nur weil wir Stress haben. Deshalb nenne ich diesen Bereich auch den Bereich der Illusion. Weil die Gefahr besteht, dass wir der Illusion unterliegen, etwas sei wichtig, nur weil es dringend ist. Denken Sie hierüber mal nach. Bei uns allen besteht diese Gefahr, vor allem, wenn jemand laut schreit. Was meine ich mit lautem Schreien? Hier gibt es verschiedene Strategien. Von der tatsächlichen Lautstärke über die Häufigkeit der Wiederholung (manche sind so geschickt, den Kanal zu wechseln: mal E-Mail, mal Anruf, mal persönlich) bis hin zur Anzahl und den Ebenen der Personen, die im „cc-Feld" eingebunden werden. Letztlich wollen wir auch in Ring 2 möglichst wenig Zeit verbringen.

Was kommt in Ring 3 (wiederum von außen betrachtet) und was kommt in den innersten Ring? Die Komplexität hat sich übrigens mittlerweile dramatisch reduziert, da die beiden „unwichtigen" Kombinationen schon weg sind. Also muss in den beiden verbleibenden, inneren Ringen jeweils „wichtig" stehen. Somit reduziert sich die Frage auf: Wo gehört „wichtig und dringend" hin und wohin gehört „wichtig aber nicht dringend"? Auch hier sind sich fast alle Menschen einig. „Wichtig und dringend" gehört natürlich in die Mitte. Hier sollten wir unsere Zeit verbringen! Wirklich? Ich behaupte, dass dies die entscheidende Stelle ist, bei der die Zeitintelligenz auf der Strecke bleibt und weshalb sich so viele arbeitende Menschen im Hamsterrad bewegen. Warum? Schauen wir uns das Ganze mal an:

Der Bereich „wichtig und dringend" gehört meiner Meinung nach (entgegen der mehrheitlichen Meinung) in Ring 3, also den zweitinnersten Ring, nicht den innersten Ring! Was gehört hierzu? Alle Aufgaben, die eine deutliche 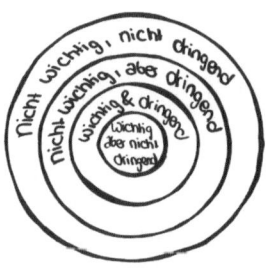 Auswirkung haben (und daher wichtig sind) und gleichzeitig unter Zeitdruck geschehen. Die meisten arbeitenden Menschen „leben" hier – im Sinne von: verbringen hier den überwiegenden Teil ihrer Arbeitszeit. Was sind die Auswirkungen? Das Positive: Sie erzielen relativ gute Ergebnisse. Wenn Sie wirklich konsequent die unwichtigen Dinge ausblenden (egal ob dringend oder nicht) und sich auf Wichtiges konzentrieren, dann haben Sie ein überdurchschnittliche gutes Prioritätenmanagement und somit überdurchschnittlich gute Ergebnisse. Wo ist der Nachteil? Der Preis ist das permanent hohe Stresslevel. Diesen Ring nenne ich den Bereich der Feuerwehr, weil die Feuerwehr natürlicherweise einen hohen Anteil an Tätigkeiten ausführt, die wichtig und dringend zugleich sind. Warum ist es wichtig, einen Brand zu löschen? Wenn Sie ihn gar nicht löschen, dann brennt das Haus ab. Kein gutes Ergebnis. Ist es dringend? Wenn Sie drei Tage warten, ist es zu spät. Dann können Sie noch so effizient löschen. Es bringt nichts mehr.

Es gibt manchmal auch psychologische Gründe, weshalb Menschen daran festhalten, viel Zeit in diesem Stressbereich zu verbringen. Wenn man permanent Zeitdruck hat, haben andere Menschen die Wahrnehmung, dass man äußerst wichtig ist. Zumindest glauben das viele Personen. Meine Beobachtung hierzu ist aber, dass die meisten Menschen viel zu sehr mit sich selbst beschäftigt sind als dass sie gedanklich viel Zeit auf andere Menschen verwenden.

Kommen wir zum Bullauge: Hier steht „wichtig, aber nicht dringend" drin. Selbst diejenigen, die aus der Natur der Sache heraus einen hohen Anteil an Tätigkeiten haben, die wichtig und dringend zugleich sind, sollten hier mittelfristig immer mehr Zeit verbringen. Warum? Was sind Beispiele hierfür? Alle Aktivitäten, die damit zu tun haben, im Brandfall schnell und effizient einsatzbereit zu sein. Beispielsweise Einsatztraining und Gerätewartung. Bei Letzterem ist u.a. das Füllen von Wasser- und Benzintank wichtig und das in der richtigen Kombination – umgekehrt ist es nicht gut. In diesen Ring fallen bei der Feuerwehr auch jegliche Maßnahmen zur Verhinderung von Bränden.

Wird es der schlausten Feuerwehr der Welt gelingen, alle
Brände zu verhindern? Sie
kennen die Antwort: natürlich
nicht. Aber von 20 Bränden
wird sie vielleicht 4 verhindern
können und für weitere 3
Brände eine bessere, schnellere

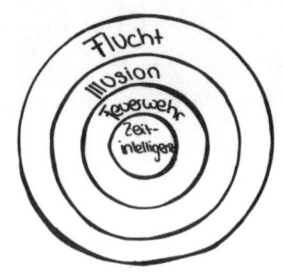

Vorgehensweise entwickeln. Was folgt hieraus im Vergleich zur Feuerwehr, die sich permanent im Ring 3 aufhält und hier sogar sehr gut ist (beim Löschen von Bränden)? Man hat bessere Ergebnisse (einige Brände verhindert, andere schneller gelöscht) und weniger Stress. Ist das erstrebenswert? Ich finde schon. Natürlich können lediglich Feuerwehrleute aus den obigen Schilderungen lernen. Sie verbringen ja keine Zeit mit dem Löschen plötzlich auftretender Brandherde …

Wir haben schon festgestellt, dass wir nicht alle Dringlichkeiten vermeiden können. Kein Mensch kann so schlau sein – zumindest nicht ohne hellscherische Fähigkeiten. Nehmen wir ein Beispiel aus dem privaten Bereich. Angenommen, Sie erhalten von der Schule einen Anruf, dass Ihr Kind einen Unfall hatte. Es ist nichts Lebensbedrohliches, aber das Kind hat sich den Arm gebrochen. Dann ist es selbstredend wichtig und dringend, sich darum zu kümmern. Im beruflichen

Bereich tauchen natürlich noch wesentlich häufiger plötzliche „Notfälle" auf. Aber es gibt auch eine ganze Menge Ereignisse, die im Laufe der Zeit vom innersten Ring in den Ring 3 wandern. Ein klassisches Beispiel hierfür ist die Steuererklärung. Sie wissen in der Regel ganz genau, wann Sie Ihre Steuerunterlagen abgeben müssen. Das Thema ist wichtig, weil es deutlich negative Konsequenzen hat, wenn Sie es nicht oder fehlerhaft tun. Es ist aber zunächst einmal nicht dringend. Sie wissen ja lange im Voraus, wann Sie Ihre Steuererklärung abzugeben haben, und haben somit wesentlich mehr Zeit, als Sie noch zur Fertigstellung benötigen. Im Laufe der Zeit – ohne dass Sie etwas tun (das ist wörtlich gemeint) – wandert die Aktivität einen Ring weiter nach außen, in den Stressbereich (Ring 3).

Woher soll die zusätzliche Zeit für das Bullauge hergenommen werden? Die zusätzliche Zeit für den innersten Ring muss primär aus den beiden äußersten Ringen kommen, also den nicht wichtigen Bereichen. Klassische Beispiele im privaten Bereich sind die Zeiten, die wir mit Fernsehen verbringen zu reduzieren, weniger zu streiten, Dinge so zu organisieren, dass man weniger suchen muss, bei Erledigungen nicht unnötig Zeit zu verplempern. Klassische Themen im geschäftlichen Bereich sind längere Plaudereien (Ihr soziales Leben sollte primär in der Freizeit stattfinden – das sage ich nicht mal durch die Brille eines Arbeitgebers), redundante Arbeiten, unnötiges Verzetteln, übermäßige Perfektion in weniger wichtigen Bereichen, Zeit für taktische Spielchen und natürlich die Zeit in weniger als optimal produktiven Meetings (mehr hierzu an späterer Stelle).

Sie können sofort mehr Zeit im Bullauge verbringen, wenn Sie die Ringe 1 und 2 konsequent auf ein absolutes Minimum beschränken. Mittelfristig erhöhen Sie Ihren Zeitanteil im innersten Produktivbereich auch dadurch, dass Sie aus Stresssituationen und plötzlich auftretenden Brandherden lernen und so clever sind, zumindest manche davon zu verhindern und bei weiteren gut gewappnet zu sein. Das ist in meinen Augen dann wirkliche Zeitintelligenz. Es ist mittelfristig absolut möglich, eine sehr erfolgreiche Karriere zu haben und deutlich mehr als 50 Prozent seiner Zeit in dieser Zeitintelligenz-Zone zu verbringen. Das ist in keiner Weise ein Widerspruch. Im Gegenteil: Erfolg und Zufriedenheit/Stresspegel einerseits und Ihr Zeitanteil in der Zeitintelligenz-Zone stehen in einem positiven Zusammenhang.

Ziele? Gute Ergebnisse und weniger Stress!

„Think globally, act locally, panic internally."

Wenn wir mehr Zeit im Inneren der Zeit-Zielscheibe verbringen, nimmt unser Stressniveau ab. Das haben wir schon festgestellt. Aber sind unsere Ergebnisse dann eher ein wenig besser oder ein wenig schlechter? Zumindest nicht schlechter, weil wir (wie in Ring 3) den Fokus auf den wirklich wichtigen Dingen haben. Kurzfristig sieht man in den Ergebnissen keinen großen Unterschied. Mittelfristig aber schon, wie beim Beispiel der schlaueren Feuerwehr, die manche Brände verhindert und für einen anderen Brandtypus eine effizientere Löschweise entwickelt. Wir werden durch den Fokus auf die Zeitintelligenz-Zone strategischer. Wir konzentrieren uns stärker auf Aktivitäten, die eine größere Hebelwirkung haben. Sie verbringen weniger Zeit „im" Prozess und stattdessen mehr Zeit damit, „am" Prozess zu arbeiten. Sie arbeiten weniger „in" der Abteilung und mehr „an" der Abteilung. Sie arbeiten als Vertriebsleiter weniger „im" Vertrieb und mehr „am" Vertrieb. Als Unternehmer arbeiten Sie weniger „in" Ihrem Unternehmen und mehr „am" Unternehmen. Das ist zwar nur ein Unterschied von ein oder zwei Buchstaben, aber ein riesiger Unterschied in der Denkphilosophie und mittelfristig auch in den Ergebnissen. Quasi ein kleiner Schritt für Sie und ein großer Schritt für Ihre Ergebnisse.

Übrigens muss es natürlich weiterhin Personen in einer Organisation geben, die primär Brände löschen. In manchen Bereichen liegt dies stark in der Natur der Sache. Jemand beim IT-Helpdesk eines Unternehmens hat beispielsweise gerade die Aufgabe, bei Userproblemen schnell zu reagieren, damit der User weiterarbeiten kann (und diesem zu sagen, dass er erst mal runter- und wieder hochfahren soll und dann bei Fortbestand des Problems erneut anrufen soll, in der Hoffnung, dass sich dann ein Kollege darum kümmern muss. Ok, das ist keine ganz faire Würdigung fähiger IT-Helpdesk-Mitarbeiter). In der Strategieabteilung eines Konzerns ist meistens der Anteil der aus der Natur der Sache heraus plötzlich auftretenden Themen geringer. Zurück zu dem IT-Helpdesk, stellvertretend für viele andere Bereiche: Es ist die Aufgabe der Führungskraft des Bereichs zuzusehen, dass die Mitarbeiter wenigstens zehn Prozent ihrer Zeit auf die Analyse von Problemen und die Verhinderung häufiger Probleme verwenden (können), anstatt zu 110 Prozent mit einem reinen Reagieren und „am Laufen halten" beschäftigt sind. Meinen bildhaften Vergleich hierzu mit Retter Richard kennen Sie schon.

Je höher Sie in einer Organisation kommen (und je größer Ihre Familie, Ihr Haushalt etc. ist), desto größer wird typischerweise die Anzahl der miteinander konkurrierenden Aufgaben und Dinge, die Sie unter einen Hut bringen müssen. Umso wichtiger wird es dann, den unnötigen Anteil der dringenden Themen zu vermeiden und das Augenmerk darauf zu richten, schlau statt viel zu arbeiten. Hierzu gehört es beispielsweise, Systeme zu implementieren, die automatisch laufen. Damit ist gemeint, dass Sie zwar einmal Aufwand haben, aber dann dauerhaft Zeit sparen. Das Modell ist dann nicht mehr „Zeit, Nutzen, Zeit, Nutzen, Zeit, Nutzen usw.", sondern „Zeit, Zeit, Nutzen, Nutzen, Nutzen, Nutzen usw." Das ist die Formel für zeitliche Freiheit. Mini-Exkurs: Die Formel für finanzielle Freiheit ist der Wechsel von „Zeit, Geld, Zeit, Geld, Zeit, Geld usw." zu „Zeit, Zeit, Geld, Geld, Geld, Geld usw.". Das bringt wiederum auch mehr zeitliche Freiheit mit sich. Ende des Exkurses.

Zu diesen Systemen gehören (ohne Menschen auf reine Aufgabenerfüller reduzieren zu wollen) beispielsweise zuverlässige Personen - im betrieblichen und möglicherweise auch im privaten Bereich, welche Ihnen zuarbeiten und Ihnen Dinge abnehmen. Wenn Sie privat niemanden bezahlen können, können Sie vielleicht bestimmte

Aktivitäten mit einer anderen Person tauschen. Damit können Sie erreichen, dass beide Personen vermehrt Tätigkeiten durchführen, die sie jeweils lieber machen oder schneller durchführen können.

Zu diesen Systemen gehört auch Planung. Planung ist etwas, das in den meisten Fällen nicht dringend ist. Niemand steht plötzlich vor der Tür und sagt Ihnen: „Sie müssen jetzt planen." Sie können es auch sein lassen, aber wenn Sie es tun, haben Sie natürlich den Vorteil, dass Sie durch die Planungszeit im Normalfall mehr als die hierfür benötigte Zeit wieder „reinholen", meistens um ein Mehrfaches (klar, man kann sich auch „zu Tode" planen – auch wenn das nicht zu den häufigsten Todesursachen gehört). Wenn Sie sich hinsetzen und eine Viertelstunde lang Ihre Woche planen, dann sparen Sie definitiv Zeit. Wenn Sie dies regelmäßig, d.h. jede Woche tun, ist das in meiner Betrachtung ein „System", das Ihnen nutzt.

Eine Art Mini-Inventur in Bezug auf Ihre Zeitverwendung können Sie machen, indem Sie in Bezug auf Ihre letzten fünf Arbeitstage die Aktivitäten so gut wie möglich reproduzieren, mit einer Dauer versehen und den vier Ringen zuordnen. Dann ermitteln Sie den Anteil Ihrer Zeit in den vier Ringen. Wenn diese vier Anteile sich zu Hundert addieren, spricht das für Ihre Rechenfähigkeiten. Wie kann man diese vier Anteile interpretieren? Aus der Summe der beiden inneren Ringe können Sie relativ genau ablesen, wie produktiv Sie im betrachteten Zeitraum waren. Aus der Summe von Ring 2 und 3 können Sie relativ genau ablesen, wie hoch Ihr Stressniveau in der betrachteten Zeit war.

31

Der Unterschied zwischen einer erfolgreichen und stressigen Woche einerseits und einer erfolgreichen und nicht so stressigen Woche andererseits liegt im Unterschied zwischen Ring 3 und Ring 4. Hieraus ergibt sich auch eine andere Feststellung, die sich sehr stark mit meinen Erfahrungswerten in so gut wie allen Unternehmen, Funktionsbereichen und Ebenen deckt: Es gibt alle Kombinationen von Erfolg (was auch immer das für den Einzelnen bedeutet) und Stress:

1) Menschen, die erfolgreich und gestresst sind (ein sehr wesentlicher Anteil der Personen, für die ich gebucht werde)
2) Menschen, die erfolgreich und nicht so gestresst sind (eine spannende Kombination; diese buchen mich auch – auf der Suche nach weiteren kleinen Verbesserungen)
3) Menschen, die nicht erfolgreich sind und auch nicht gestresst (das wäre mir persönlich und mit hoher Wahrscheinlichkeit auch Ihnen auf Dauer viel zu langweilig)
4) Menschen, die nicht erfolgreich und gleichzeitig total gestresst sind (furchtbare und schwierig zu ertragende Kombination)

Viele Personen stellen bei Diskussionen über den Fokus auf den innersten Ring die Frage: Woher soll ich denn die Zeit nehmen, wenn ich den ganzen Tag damit beschäftigt bin, Brände zu löschen, also Dinge zu erledigen, die wichtig und auch dringend sind? Woher soll ich also die Zeit nehmen für Dinge, die wichtig, aber noch nicht dringend sind? Im Sinne der Zeit-Zielscheibe sprechend: aus Ring 1 und 2. In diesem Buch werden Sie aber ganz viele Tipps erhalten, wie Sie an ganz unterschiedlichen Stellen Zeit sparen können. Ich ermutige Sie schon jetzt, die eingesparte Zeit in Ring 4 zu investieren. Dann wird Ihr Zeitanteil in Ring 4 größer, es ergibt sich hierdurch ein sich selbst verstärkender Effekt und die Positivspirale beginnt.

Bevor wir zu einer ganzen Menge Einzeltipps kommen, ein bisschen Grundlagenarbeit:

Ihre Lebensrollen

„Wenn Sie mich einstellen, um pausenlos über Ihre Mitarbeiter zu meckern, dann haben Sie erhebliche Freiräume für noch Wichtigeres."

Wir Menschen haben viele, oft sehr unterschiedliche Lebensrollen - quasi verschiedene Hüte, die wir aufhaben. Oft fühlen sich Menschen von diesen Rollen in verschiedene Richtungen gezogen. Schauen wir uns dies beispielhaft an. Das Beispiel ist von einer Person, die ich sehr gut kenne: von mir selbst. Nicht, weil ich so toll bin, sondern weil Sie Parallelen zu Ihrem eigenen Leben erkennen werden und es Ihnen zeigen wird, wie nützlich das Konzept der Lebensrollen ist, wenn man es für sich und Fortschritte in den verschiedenen Lebensbereichen nutzt.

Welche Lebensrollen haben Sie?
Ich zeige Ihnen hier ein Beispiel,
welches untergliedert ist in das
Privatleben und das Berufsleben.
Ist das nicht schon eine hoch-
brillante Kategorisierung? Ich
werde Sie gleich bitten, nachdem
ich dieses Beispiel ein bisschen erläutert habe, die
wichtigsten Kategorien in Ihrem Leben, beruflich wie
privat, zu definieren. Also, die Hüte, die Sie auf haben,
zu definieren. Vielleicht ist es bei Ihnen sehr ähnlich,
vielleicht ist es auch ein bisschen anders oder deutlich
anders.

Bei mir persönlich gibt es fünf berufliche Rollen und drei
private Rollen. Die Kategorisierung hat sich seit
mehreren Jahren nicht mehr verändert.

Rolle 1: Umsatz mit ZD
Hierzu gehören alle Zeitverwendungen und Aktivitäten,
bei denen Umsatz mit meiner Person gemacht wird. Es
sind Leistungen wie Seminare, Vorträge und Einzel-
coachings, für die ich ein Honorar erhalte.

Rolle 2: Umsatz ohne ZD
Dies sind alle Umsätze, die nicht direkt an meiner Person
hängen, bspw. Einnahmen aus dem Verkauf von Buch-,
Audio- und Videoprodukten, Lizenzeinnahmen (bspw.
PoweReading-Lizenznehmer im Ausland), Umsätze mit
anderen Trainern in meinem Team.

Warum unterscheide ich zwischen „Umsatz mit ZD" und
„Umsatz ohne ZD"? Werde ich bei der Bank, wenn ich

100 Euro einzahlen möchte, gefragt, ob ich das direkt oder indirekt erwirtschaftet habe? Das interessiert den Finanzberater und auch meinen Kontostand herzlich wenig. Warum dann unterscheiden zwischen der Rolle 1 und der Rolle 2? Ganz einfach: Es soll regelmäßig ein Fokus auf beiden liegen. Sonst besteht die Gefahr, dass die eine Kategorie verbessert wird und die andere in der Zwischenzeit schlechter wird. Später dann das Ganze vielleicht genau umgekehrt. Gerade bei Vertrieblern mit erster Führungsverantwortung erlebe ich dieses Wechselspiel nur zu oft. Dann hat man zwar Veränderung und Abwechslung, aber keinen wirklichen Fortschritt.

Rolle 3: Beziehungsmanagement
Welche Gruppen von Personen sind für eine Unternehmung wichtig? Ohne eine langwierige Diskussion über Stakeholder führen zu wollen: Natürlich sind dies Kunden, Mitarbeiter, Dienstleister und oft auch Multiplikatoren in irgendeiner Form. Ist es wichtig, eine gute Beziehung zu diesen Personen(gruppen) zu haben und diese zu pflegen? Ich denke schon. Ein guter Zeitpunkt, Beziehungen zu pflegen ist: bevor man sie braucht. Das klingt nach Dringlichkeitsvermeidung. Richtig: Fast alle Aktivitäten in diesem Bereich gehören ins Bullauge. Jetzt frage ich Sie: Angenommen, Sie würden mehr Zeit mit Beziehungsmanagement verbringen. Wäre das intelligent eingesetzte Zeit?

Rolle 4: Know-how & Systeme
Hier geht es um den Erwerb weiterer Expertise und die Erweiterung von Fähigkeiten – sowohl meiner eigenen als auch derjenigen meiner Mitarbeiter und freien Mitarbeiter. Es geht aber auch um neue Systeme. Hiermit

sind nicht nur große Dinge wie eine neue IT-Landschaft gemeint, sondern oft kleine Prozessverbesserungen wie eine noch bessere Beschreibung der „wichtigen organisatorischen Punkte", die wir Kunden im Vorfeld von Veranstaltungen schicken. Was bringt es, jede Woche einen Fokus auf Know-how- und System-fortschritte zu haben? Es wird kontinuierlich besser.

Rolle 5: Finanzen
„Unsere Firma hat im letzten Quartal 500 Millionen Euro Verlust gemacht. Ihre Aufgabe besteht darin, es aussehen zu lassen wie das Beste, das uns jemals passiert ist."

Hierzu gehören steuerliche Themen wie die monatliche Umsatzsteuer und der Jahresabschluss, aber auch Dinge wie Controllingtätigkeiten. Ein wichtiger Merksatz für mich lautet: Behalte als Unternehmer immer die wesent-lichen Zahlen im Auge – egal, ob es dir Freude macht oder nicht. Es rächt sich, wenn man sich hieran nicht hält.

Private Rollen

„Wir sind eine familienfreundliche Firma. Falls Ihre durchschnittliche Wochenarbeitszeit mehr als 90 Stunden beträgt, werden wir einen Beitrag von 500 Euro zu Ihrer Scheidung beisteuern."

Die privaten Rollen habe ich in Buchstaben aufgeteilt, um Verwechslungen zu vermeiden. Dies hat aber hier-über hinaus keinen tieferen Sinn.

Rolle A: Erinnerungen schaffen
Ich sehe eine meiner Hauptaufgaben als Ehemann und Vater (und auch in Bezug auf ein paar wenige andere, enge Beziehungen im Familien- und Freundeskreis) in der Schaffung von Erinnerungen.

Rolle B: Wohnen + Leben
Hier geht es u. a. um Verbesserungen an unserem Haus, Urlaubsplanung, das Koordinieren von Menschen, die uns privat unterstützen etc.

Rolle C: Gesundheit
Schon an früherer Stelle habe ich betont, welche Bedeutung für mich das Thema Gesundheit hat. Hierzu gehören grundsätzliche Entscheidungen wie ein Lebensstil ohne Alkohol und Zigaretten, viel Bewegung, gesunde Ernährung, Fröhlichkeit und ein guter Umgang mit Stress. Hierzu gehören aber auch tagtäglich viele kleine Entscheidungen wie: Was trinke ich? Wie viel trinke ich? Was esse ich? Gehe ich heute laufen?

Wenn Sie Rollen definiert haben und anhand dieser Rollen Ihre Wochenplanung durchführen, dann haben Sie eine wesentlich ausgeglichenere, kontinuierlichere Entwicklung aller wichtigen Lebensbereiche. Wenn Sie sich beispielsweise am Anfang einer Woche die Frage stellen, „Was kann ich diese Woche für meine Gesundheit tun?", dann werden Sie auch in einer vollen Woche die Gelegenheit finden, ein oder zwei Mal Sport zu treiben.

Nehmen Sie sich ein paar ruhige Minuten und definieren Sie Ihre Rollen. Manche werden vermutlich ähnlich sein wie meine, andere ganz anders. Die genaue Anzahl ist nicht entscheidend, aber es sollten keine 20 verschiedenen Kategorien werden und es sollten auch nicht nur zwei sein. Eine pragmatische Anzahl liegt meistens bei drei bis maximal zehn beruflichen Rollen und zwei bis sechs privaten Rollen.

Das Rad des Lebensmanagements

„Der Schlüssel zum Zeitmanagement ist es, strikt und diszipliniert den Plan einzuhalten und gleichzeitig zu 100 % flexibel zu sein."

Ich nenne es das Rad des Lebensmanagements: Zeichnen Sie in einen Kreis genau so viele Speichen hinein wie Sie Hüte in Ihrem Leben aufhaben. Wenn Sie bspw. vier berufliche und vier private Kategorien gebildet haben, also insgesamt acht Rollen besitzen, dann zeichnen Sie einfach acht Speichen in das Rad hinein, jeweils vom Mittelpunkt ausgehend. Die Speichen sollten in etwa denselben Abstand zur nächstgelegenen Speiche haben.  Aber die zeichnerische Genauigkeit steht nicht im Vordergrund. Schreiben Sie ein Stichwort an jede Speiche, damit Sie genau wissen, welche Speiche für welchen Hut steht.

Jede Speiche, die in der Mitte startet und sich bis zum äußeren Rand des Rads erstreckt, steht für Ihre mögliche Zufriedenheit mit bzw. in diesem Lebensbereich. Ganz außen bedeutet, dass der Lebensbereich auch in Ihren kühnsten Träumen nicht besser sein könnte. Ganz innen hingegen bedeutet, dass der Lebensbereich in Ihren schlimmsten Albträumen nicht schlimmer sein könnte. Ihre tatsächliche Einschätzung liegt mit sehr, sehr hoher Wahrscheinlichkeit irgendwo dazwischen. Nun setzen Sie bitte ein Kreuz an die Stelle, die Ihrer Zufriedenheit mit diesem Bereich entspricht. Dies ist natürlich höchst subjektiv und deckt sich oft nicht mit der Einschätzung der Außenwelt. Aber Letzteres ist hier nicht entscheidend. Es geht um Ihre eigene Bewertung – nicht mehr und nicht weniger.

In einem nächsten Schritt können Sie Ihre Kreuze noch miteinander verbinden, um das Ganze besser zu visualisieren. Was machen wir jetzt mit dem Ergebnis? Sie können aus der Form darauf schließen, wie rund es in Ihrem Leben läuft. Nein, natürlich nicht. Aber Sie bekommen ein Gespür dafür, wo Ihre „Baustellen" sind und wo es schon gut läuft. Außerdem können Sie eine Tendenz ablesen, wie kritisch Sie im Umgang mit sich selbst sind. Wenn so gut wie alle Kreuze ganz weit außen liegen, brauchen Sie vermutlich neue, höhere Maßstäbe für sich selbst. Wenn hingegen so gut wie alle Kreuze nahe der Mitte sind, dann sind Sie vermutlich ein wenig (zu) kritisch mit sich selbst oder sollten schlichtweg mal richtig aufräumen in diversen Lebensbereichen.

Meiner Beobachtung nach konzentrieren sich die meisten Menschen gedanklich (und in Bezug auf die Handlungen, die hieraus resultieren) vor allem auf diejenigen Bereiche, die gerade nicht so gut laufen. Sie löschen primär Brände. Hierdurch wird es – sinnvolle Aktivitäten vorausgesetzt – in diesen Bereichen dann schrittweise besser. Das einzige Problem hieran ist, dass zwischenzeitlich die anderen Bereiche vernachlässigt werden und somit schlechter werden. Dies stellt dann zwar eine Veränderung dar, aber keinen wirklich entscheidenden Fortschritt. Die deutlich kleinere Gruppe von Menschen konzentriert sich gedanklich (und in Bezug auf die Handlungen, die hieraus resultieren) auf die Bereiche, die bereits sehr gut laufen. Die Folge: Die Brände werden immer größer. Warum würde jemand dies tun, obwohl es offensichtliche Nachteile hat? Meistens entweder, weil die Person den wirklichen Themen und Problemen nicht ins Auge sehen will, oder weil nach den über-proportionalen Anreizen unserer Gesellschaft geschielt wird. Was meine ich damit? Kleiner Exkurs: Die mit Abstand größten Anreize in unserer Gesellschaft (materiell wie immateriell) liegen nicht in einer Verbesserung „von schlecht zu durchschnittlich" oder „durchschnittlich zu gut" oder „gut zu sehr gut", sondern im Wandern von „sehr gut zu exzellent". Wie komme ich zu dieser Aussage? Ganz einfach: Schauen Sie einen Bereich an, bei dem Leistungen und deren Belohnungen präzise quantifizierbar sind. Der (Leistungs-)Sport ist hier ein gutes Beispiel. Wie viel erhält der Sieger eines Turniers im Vergleich zum Zweitplatzierten? Ziemlich genau das Doppelte! Der Zweitplatzierte erhält wiederum ziemlich genau doppelt so viel wie die beiden, die im Halbfinale ausgeschieden sind. Dies gilt für so gut wie alle Sportarten. Ist das fair? Keine Ahnung. Aber es ist so - wie die Schwerkraft. Man kann sich darüber aufregen. Bringt aber nichts.

Zurück zu unserem Rad des Lebensmanagements: Ideal wäre es natürlich, sich gleichermaßen auf (gerne kleine, moderate, aber auch stetige) Fortschritte in allen

Bereichen zu konzentrieren – unabhängig davon, wie gut es dort gerade läuft. Wie bekommen wir das hin? Wie sollte eine Wochenplanung aussehen, um die Weichen auf Fortschritt zu stellen?

Nachdem Sie Ihre persönlichen Kategorien für sich selbst definiert haben, empfehle ich Ihnen, sich in Ihrer wöchentlichen Planungseinheit für jede (!) Kategorie die Frage zu stellen: Was kann ich diese Woche tun, um in diesem Bereich echte Fortschritte zu erzielen? Die Antworten müssen keine bahnbrechenden Erkenntnisse oder unglaublich umfangreichen Taten sein. Oft sind es kleine Dinge, die aber im Laufe der Zeit zu erheblichen Verbesserungen führen. Angenommen, Sie haben einen Laden, eine Praxis oder eine Kanzlei mit Publikums-verkehr. Sie könnten zum Beispiel jede Woche eine kleine Sache tun, um den Empfangs-, Warte- oder Behandlungs- bzw. Beratungsbereich zu verschönern. Vielleicht ist es jede Woche eine kleine Prozessver-besserung, die Sie anstoßen, oder eine kleine Medien-aktion oder eine kleine Serviceverbesserung. Ich empfehle Ihnen ausdrücklich nicht, die ganze Woche oder auch „nur" die komplette, voraussichtlich verfüg-bare Zeit zu „verplanen". Gehen wir von einer 40-Stunden-Arbeitswoche aus und nehmen wir an, dass hiervon 20 Stunden fix terminiert sind, weil Sie Kundentermine haben, eine Reise, Meetings oder Seminare geben. Dann bleiben in diesem Beispiel noch 20 Stunden übrig, die Sie theoretisch verplanen könnten. Meine Empfehlung ist es, in Summe nur drei bis acht Stunden einzuplanen, in denen Sie (oft kleine, aber) entscheidende Dinge vorantreiben. Um diese Zeiten kämpfen Sie aber wie ein Löwe. Diese werden nur verworfen, wenn es einen Notfall gibt oder sich noch größere Chancen eröffnen. Übrigens sind die Aktivitäten, die Sie einplanen und bei Bedarf verteidigen, fast immer aus dem Bullauge, d.h. Tätigkeiten, die wichtig, aber nicht dringend sind. Mit dieser Herangehensweise treiben Sie zahlreiche Dinge voran, die nie passieren würden, wenn Sie lediglich Ihre To-Do-Liste abarbeiten würden – Eisenhower-Diagramm und andere Methoden hin oder her.

Abschließend zum Themenkomplex Wochenplanung möchte ich Ihnen die Frage mitgeben: Wie wäre es, wenn Sie jede Woche in der Lage wären, in jedem der für Sie wichtigen Lebensbereiche Fortschritte zu erzielen? Wenn das attraktiv und befriedigend erscheint, dann machen Sie sich eine sinnvolle, realistische und alle Kategorien abdeckende Wochenplanung zur Gewohnheit. Hiermit beginnt echter Fortschritt.

Von sehr grundlegenden Themen kommen wir jetzt zu den mehrfach angekündigten vielen Zeitspar-Tipps. Sie bekommen jetzt die ersten zehn von insgesamt 40 einzelnen Zeitspartipps. Die ernüchternde Nachricht: Sie werden nicht jeden dieser Tipps umsetzen. Das ist auch nicht entscheidend. Entscheidend ist, dass Sie aus den insgesamt vier Blöcken mit jeweils zehn Tipps ein, zwei oder drei Stück auswählen, die für Sie besonders relevant und somit nützlich erscheinen. Noch wichtiger als diese einzelnen Zeitspartipps ist die jeweilige Denke, die dahinter liegt. Diese kann in vielen Fällen auf andere Anwendungssituationen übertragen werden.

Tipp 1: Zusagen-Management

„Wir hatten heute im Büro einen Geburtstag. Mein Wunsch, einen neuen Stuhl zu bekommen, ist heute ein Jahr alt."

Viele Menschen bringen sich selbst (gut gemeint und meistens unbewusst) dadurch in Bedrängnis, dass sie ihre Zusagen nicht oder nicht gut im Griff haben. Das ist menschlich. Warum? Wir wollen helfen und serviceorientiert sein –

gegenüber unseren internen und externen Kunden. Ein klassisches Beispiel: Angenommen, es ist 14 Uhr und Ihr direkter Vorgesetzter kommt herein. Sie und Ihr Chef sind sich einig, dass alles andere stehen und liegen zu bleiben hat und Sie sich sofort um das neue, unerwartete „Thema X" kümmern. Angenommen, Sie gehen von einer Bearbeitungsdauer von zwei Stunden aus. Was sagen die meisten Menschen in einer solchen Situation zu? Einfache Rechnung: 14 Uhr plus zwei Stunden. Also 16 Uhr. Manch einer plant noch einen Mini-Puffer von 30 Minuten ein. Theoretisch ist alles bestens. Sie und ich wissen: Die Realität sieht anders aus. Wissen Sie, wie die durchschnittliche Relation zwischen der geplanten Dauer und der tatsächlichen Dauer aussieht? Das ist natürlich nicht bei jeder Person gleich. Aber der Durchschnittswert liegt bei der Relation „1 zu 2". Im Schnitt brauchen Menschen, die von zwei Stunden ausgehen, dann also im

Endeffekt vier Stunden. Natürlich gibt es Menschen mit anderen Relationen, bspw. 1 zu 1,5 oder 1 zu 3 oder 1 zu 0,8. Letzteres habe ich persönlich allerdings noch nicht angetroffen. Bei dieser Relation von „1 zu 2" sind Unterbrechungen noch nicht einmal erfasst. Diese kommen noch dazu. Die Anzahl und Dauer der Unterbrechungen hängen natürlich stark vom Umfeld ab, sodass selbst ein korrekt angegebener Durchschnittswert keine gute Aussagekraft besitzt. Was macht also in unserem „14-Uhr-Beispiel" Sinn? Beispielsweise, dass man sagt: „Lieber Chef, ich setze mich sofort mit höchster Priorität dran. Sobald ich fertig bin, gebe ich ein Signal. Spätestens morgen früh wenn sie ihre E-Mails abrufen, liegt es in Ihrem Posteingang."

Welche Vorteile hat es, Zusagen ein wenig konservativer zu treffen? Sie haben weniger (unnötigen) Stress. Sie können also trödeln und unnötig Zeit verplempern. Nein, natürlich nicht. Aber Sie haben seltener unnötigen Zeitdruck durch eine Deadline, die von vornherein unrealistisch war. Ein weiterer Vorteil liegt darin, dass Sie für Ihre Geschäftspartner deutlich zuverlässiger sind. Dies wirkt sich positiv auf Ihre Reputation bei dieser Person aus. Weiterhin machen Sie anderen Personen das Arbeitsleben ein wenig leichter. Ich weiß nicht, wie es Ihnen geht, aber mir ist es wesentlich lieber, wenn mir jemand eine etwas konservativere Zusage macht, aber ich mich darauf verlassen kann, dass die Zusage eingehalten wird. Lieber warte ich von vornherein einen Tag länger, weiß aber dass ich dann wie geplant mit dem Ergebnis weiterarbeiten kann. Meiner Beobachtung nach geht in so gut wie allen Organisationen viel Zeit dadurch verloren, dass die einmal gemachte Planung wieder verändert werden muss, nur weil irgendein Teilschritt nicht wie geplant fertig geworden ist. Klar, manches ist nicht vorhersehbar. Aber viele Meilensteine, Zusagen und „Commitments" sind von vorneherein nie realistisch gewesen und somit schon vor dem ersten Schritt zum Scheitern verurteilt. Ich empfehle Ihnen auch, zu fragen, bis wann die andere Person das Ergebnis braucht. Ich garantiere Ihnen, dass Sie in mindestens zehn Prozent der Fälle überrascht sein werden, dass es noch ein wenig länger Zeit hat als angenommen. Und schon haben Sie wieder einen kleinen Anteil der Dringlichkeiten vermieden.

Die andere Seite der Medaille in Bezug auf Zusagen ist die Situation, in der Sie selbst der „Zusagen-Empfänger" sind, also jemand anderes Ihnen eine Zusage macht. Meine klare Empfehlung hierzu lautet: Hinterfragen! Jemand macht beispielsweise die Zusage, dass die Tätigkeit am Mittwochmittag fertig ist. In der Regel hinterfrage ich dann (sofern arbeitsorganisatorisch relevant), ob das realistisch ist und ich mich darauf verlassen kann: „Prima, wenn Sie sicher sind, Mittwochmittag damit fertig zu sein, dann reserviere ich mir den Mittwochnachmittag, um dann an dem Thema weiter zu arbeiten. Ist das realistisch?" Sie erhalten dann eine von zwei Antworten: Entweder „Ja" oder „Nein". Entweder Ihr Gegenüber bekräftigt die gemachte Zusage. Dann hat sich zwar scheinbar durch die Nachfrage nichts geändert, aber die gefühlte Verpflichtung, wie zugesagt abzuliefern, ist gerade gestiegen, weil es nach einem expliziten Nachfragen nochmals bekräftigt wurde. Somit sinkt die Wahrscheinlichkeit, dass Sie Ihre Planung umdisponieren müssen. In der Praxis kommt aber durchaus auf Nachfrage dann eine verneinende Antwort. Beliebt ist auch das Andeuten eines möglichen Hinderungsgrundes (oder auch einer Ausrede), der – scheinbar oder tatsächlich – außerhalb des eigenen Einflussbereichs liegt. Wenn es in diese Richtung geht, können Sie entgegnen: „Es ist für mich völlig in Ordnung, wenn Sie erst am Donnerstag fertig werden, solange ich mich dann ganz sicher darauf verlassen kann, am Freitag um 8 Uhr in der Früh hiermit weiter machen zu können. Können wir das gemeinsam festhalten?"

Tipp 2: Der Meister des Aufschiebens

„Ich bin nicht faul! Ich bin ein potentieller Workaholic mit stark ausgeprägtem Stressmanagement."

Ein schwieriges Thema: das Thema Aufschieben. Keine Sorge: Jetzt kommt nicht der Tipp: „Schieben Sie nichts auf und gehen Sie die wichtigen Dingen sofort an". Dieser Tipp wäre zwar sicher nicht unlogisch, aber nicht  neu. Jetzt kommt das genaue Gegenteil: Werden Sie ein Meister des Aufschiebens. Sie haben richtig gelesen, dass der Zeitspar-Tipp lautet: Werden Sie ein wahrer Meister des Aufschiebens. Was ist damit gemeint? Sie müssen ein Meister des Aufschiebens werden – und zwar von nicht so wichtigen Dingen. Vor allem, wenn diese dringend sind. Dann besteht nämlich die Gefahr der Illusion, dass diese Dinge wichtig seien, obwohl sie unwichtig sind. Sie wirken nur wichtig, weil sie dringend sind. Wenn Sie ein Meister des Aufschiebens weniger wichtiger Dinge werden, dann ist erstaunlich, wie hoch der Anteil der Dinge ist, die sich von alleine erledigen. Ein Kollege beispielsweise erledigt zwei Aufgaben einfach selbst, weil er nicht warten möchte (das mag egoistisch klingen, hat aber in Summe meistens mehr Vorteile als Nachteile). Etwas anderes stellt sich als redundant heraus. Wiederum eine andere Sache ist von ein paar Kollegen diskutiert und verworfen worden.

Ich möchte nicht suggerieren, dass sich alle Themen in Luft auflösen, wenn man sich erst ein wenig später darum kümmert. Aber bedenken Sie ein paar wichtige Aspekte hierbei, die vielleicht auf den ersten Blick nicht so offensichtlich sind: Es ist psychologisch oft einfacher, wenn man einfach hingeht und die Dinge, die nicht so wichtig sind, gedanklich und in Bezug auf seine Zeitplanung von sich wegschiebt, als sich gedanklich zu zwingen, die wichtigsten Dinge zuerst zu erledigen. Die Wirkung ist im Endeffekt sehr ähnlich, nur ist es gedanklich meistens einfacher, die weniger wichtigen Aufgaben gedanklich „wegzuschieben". Ein weiterer Aspekt dieser Gewohnheit ist, dass Sie in Ihrem Umfeld die Reputation entwickeln, Wichtiges mit hoher Priorität anzugehen, und dass weniger Wichtiges bei Ihnen in der Regel ein wenig warten muss. Das ist nicht nur gut für die Wahrnehmung anderer Personen in Bezug auf Ihre Produktivität, sondern hat auch zur Folge, dass Sie hierdurch die selbständige Erledigung von Aufgaben bei anderen Personen fördern. Warum betone ich diesen

Punkt? Nichts gegen eine sinnvolle Arbeitsteilung und produktivitätssteigernde Spezialisierungen, aber ich erlebe es im Trainings- und Beratungsalltag oft, dass viele Aufgaben von Person A zu Person B geschoben werden, nur damit Person A es vom Tisch hat – unabhängig davon, ob Person B für die Tätigkeit geeigneter und zuständig ist. Warum ist das so? Jeder hat den Tisch voll und ist froh um jedes schnelle Entfernen vom eigenen Tisch. Beispielsweise würde eine Aufgabe fünf Minuten zur Erledigung benötigen. Aber das Weiterschieben an Person B dauert nur zwei Minuten. Person A spart also drei Minuten (wenn keine Rückfragen kommen und es nicht zurückgeschoben wird). Person B braucht auch fünf Minuten. Die Organisation als Gesamtes verliert also mindestens zwei Minuten. Klingt nicht nach viel, summiert sich aber zu immensen Zeitverschwendungen.

Tipp 3: Transparenz schaffen

„Du hast gerade 45 Minuten damit verbracht, zu rechtfertigen, warum du zu beschäftigt bist etwas zu tun, das 2 Minuten dauern würde.“

Wenn man einen Prozess verbessern möchte, was macht man dann zuerst? Typischerweise wird erst eine Ist-Analyse gemacht, um sich dann Gedanken über mögliche und sinnvolle Verbesserungen zu machen. Dies ist auch in Bezug auf die eigene Zeitverwendung sehr nützlich. Wie funktioniert hierbei die Ist-Analyse?

48

Eine ganz einfache und gleichzeitig hochwirksame Übung ist es, eine Woche lang aufzuschreiben, was man gerade gemacht hat und wie lange es gedauert hat. Dies ist nicht mit Planung zu verwechseln. Bei einer Planung richtet man seine Aufmerksamkeit in die Zukunft. Beim Herstellen einer höheren Transparenz im Rahmen einer solchen Ist-Analyse geht es darum festzustellen, wie viel Zeit man wirklich mit welchen Tätigkeiten verbringt. Dies sollte möglichst unmittelbar nach Beendigung einer Aufgabe schriftlich geschehen, um ein möglichst realistisches Abbild der Realität zu bekommen. Man schreibt also beispielsweise auf, dass man am Montagvormittag erstmal 30 Minuten mit dem Bearbeiten von E-Mails verbracht hat. Dann eine Stunde in einem Meeting, dann 45 Minuten mit diversen Telefonaten. Es geht hierbei nicht um wissenschaftliche Genauigkeit oder darum, jeden Toilettengang zu protokollieren, sondern einfach darum, relativ genau zu sehen, wie Ihre Zeitverwendung wirklich aussieht.

Eine kleine Vorwarnung: Die meisten Menschen sind bei erster Durchführung dieser Übung ziemlich überrascht in Bezug auf einen wesentlichen Teil ihrer Zeitverwendung. Es geht allerdings gar nicht so sehr darum, wie gut Ihr Zeitmanagement ist (was in einer etwaigen Bewertung ohnehin stark von den Kriterien und der Gewichtung dieser Kriterien abhängen würde) oder wie gut Sie im Vergleich zu anderen Personen dastehen. Es geht vielmehr darum, völlig wertneutral am Ende eines Tages und einer Woche zu sehen, wie man seine Zeit eingesetzt hat. Hieraus leiten sich dann auch ohne Coach simple Möglichkeiten ab, an manch einer Stelle Zeit einzusparen, ohne dass es wesentliche Nachteile hätte.

Man stellt beispielsweise fest, dass man eine Tätigkeit hätte deutlich straffen können, eine andere Tätigkeit vielleicht völlig anders organisieren, zwei Aufgaben hätte verbinden können, ein anderes Thema vielleicht hätte ganz streichen können. Selbst wenn es nur fünf Prozent der Gesamttätigkeiten sind, bei denen Sie simple Verbesserungsmöglichkeiten feststellen, so sind dies – über eine Woche betrachtet – oft ein, zwei oder drei Stunden, die eingespart werden können. Zudem stellt sich in der Regel automatisch der Ehrgeiz ein, in der Folgewoche - oder sogar schon am nächsten Tag - ein wenig besser zu werden.

Häufig bekomme ich auch die Rückmeldung von ehemaligen Seminarteilnehmern, dass diese eine solche Transparenzübung jeden Monat eine Woche lang durchführen. Häufig stellen diese dann fest, dass es viele wiederkehrende Themen gibt, die anders und besser organisiert werden können. Es sind oft scheinbar lächerliche Kleinigkeiten, die Zeit sparen. Ein kleines Beispiel aus dem privaten Bereich: Angenommen, Sie kaufen meistens im selben Supermarkt ein. Normalerweise wird in einem Supermarkt nicht jede Woche umgeräumt. Machen Sie doch einfach eine Liste der Dinge, die Sie zumindest einigermaßen regelmäßig einkaufen und schreiben diese in etwa in der Reihenfolge auf, in der Sie diese im Supermarkt vorfinden, wenn Sie Ihre gewohnte Route gehen. Diese Liste können Sie im Laufe der Zeit erweitern, bis da fast alles draufsteht, das sie dort kaufen. Dann machen Sie Kopien bzw. eine gewisse Anzahl von Ausdrucken hiervon. Vor dem Einkaufen brauchen Sie dann nur noch die entsprechenden Mengen dazuzuschreiben. So kostet der Einkaufszettel weniger Zeit und im Supermarkt sind Sie auch schneller.

Manchmal meinen Menschen, dass es übertrieben ist, den Einkaufsprozess zeitlich zu optimieren. Man muss diesen Vorgang auch nicht optimieren. Aber, stellvertretend für viele andere Routinetätigkeiten: Mir stellt sich die Frage, ob das eine Tätigkeit ist, bei der es primär um das Ergebnis oder um den Vorgang geht. Dies hängt aus meiner Sicht stark davon ab, wie viel Freude diese Tätigkeit bringt und wie wichtig diese einem selbst ist, im Vergleich zu anderen Tätigkeiten. Bei dieser Betrachtung landet Einkaufen bei mir persönlich nicht ganz oben auf der Prioritätenliste.

Häufig gibt es beim Optimieren von Routinetätigkeiten auch die Sorge, dass dies zu noch mehr Stress führen könnte. Nichts könnte weiter von der Wahrheit entfernt sein. Angenommen, Sie brauchen im Schnitt ca. 45 Minuten für das Einkaufen. Jetzt haben Sie alles in der richtigen Reihenfolge auf einem Zettel und schaffen es bei gleichem Tempo aber in 30 Minuten. Wenn Sie jetzt übertrieben herumrennen, um noch ein paar Minuten herauszuholen, dann geht die Zeitersparnis schon zu Lasten eines höheren Stressniveaus. Sie können, wenn Sie möchten, sogar etwas langsamer machen als sonst und dennoch etwas schneller fertig sein. Ich persönlich finde das Optimieren von Routinetätigkeiten unheimlich entstressend und zeiteinsparend zugleich. Und wer weiß, was passiert, wenn Sie diese Denkgewohnheit auf Bürotätigkeiten übertragen.

Übrigens hat es sich bewährt, die eigenen Tätigkeiten auf einer in etwa halbstündigen Genauigkeitsbasis zu notieren. Ich habe noch nie von jemandem die Rückmeldung erhalten, dass diese Übung nicht zu Verbesserungen geführt habe. Es ist gar nicht selten, dass Menschen feststellen, dass es keine Hexerei wäre, fünf bis acht Wochenstunden zu gewinnen.

Tipp 4: Recht auf Zeit beibehalten

„Ich habe gerade Ihre Wochenarbeitszeit von 80 auf 40 Stunden reduziert. Sie bekommen ab sofort jede zweite Minute frei."

Wer hat ein Recht auf Ihre Zeit? Ich behaupte: Nur weil jemand Ihre Telefonnummer anwählt, hat diese Person noch lange kein automatisch eingebautes Anrecht, zu entscheiden, wie viel Zeit Sie diesem Thema widmen. Nur weil jemand eine E-Mail an Ihre E-Mailadresse schickt, hat diese Person noch lange kein automatisches Anrecht, für Sie zu entscheiden, welche Priorität dieses Thema für Sie hat.

Vielleicht denken Sie sich jetzt – so wie Seminarteilnehmer häufig entgegnen - „Moment mal, ich habe aber einen Chef, der schon ein gewisses Recht darauf hat, mein Zeitverwenden zu beeinflussen." Natürlich haben Vorgesetzte, Kunden, Lieferanten und andere Personen ein gewisses „Anrecht" auf unsere Zeit. Die Frage ist nur: Wie sehr haben wir das unter Kontrolle und wie sehr lassen wir uns fremd-bestimmen? Sicherlich kennen Sie das Gefühl, am Ende des Tages sehr viel erledigt zu haben, eigentlich so gut wie alles – nur nicht dasjenige, das man sich für diesen Tag vorgenommen hatte. In den letzten Jahren höre ich von Teilnehmern immer häufiger, dass diese das Gefühl haben, nur noch zu reagieren statt zu agieren. Man werde gearbeitet, heißt es dann oft. Viele checken morgens Ihre E-Mails, reagieren auf diverse aufgelaufene Themen und kommen aus dieser Reaktionsschleife den ganzen Tag nicht mehr heraus (ob E-Mails wirklich eine sinnvolle erste Aktivität sind ist ein Thema für eine andere Stelle in diesem Buch). Für viele arbeitende Menschen führt dieser Zustand zu einem sehr unbefriedigenden Gefühl.

Kleiner Exkurs zum Thema „Reagieren statt Agieren": Wir Menschen brauchen alle eine gewisse gefühlte Sicherheit. Klar mögen wir auch mal eine Abwechslung und Spannungsmomente. Aber im Wesentlichen wollen wir uns sicher fühlen. Wir wollen die Dinge im Griff haben. Auch „Nicht-Kontroll-Freaks" wollen den Überblick haben, das Geschehen lenken können und „Herr der Lage" sein. Übrigens scheint dieses Bedürfnis bei Männern im Durchschnitt ein wenig stärker ausgeprägt zu sein als bei Frauen (das ist so, als ob ich schreibe, dass Männer größere Füße haben als Frauen – es stimmt nicht in jedem Einzelfall, ist aber eine korrekte Aussage). Ende des Exkurses.

Was also tun im Spagat „unterbrechen lassen" und „nicht unterbrechen lassen"? Oft können Sie die eigentliche Unterbrechung gar nicht verhindern (manchmal schon, aber auch das behandeln wir noch separat), weil das Telefon klingelt, jemand in der Tür steht oder sich anderweitig bemerkbar macht. Wie lautet also die Empfehlung? Die Empfehlung ist relativ simpel, aber im Eifer des Gefechts zugegebenermaßen nicht immer leicht umzusetzen. Es dreht sich um die bewusste Entscheidung in Bezug auf die eigene Zeitverwendung. Im Moment der unerwarteten Unterbrechung sind Sie ja gerade im Begriff, etwas anderes Sinnvolles zu tun. Dann kommt die Unterbrechung. Sie stehen also vor der Entscheidung: Mache ich mit der eigentlichen Aufgabe weiter oder unterbreche ich diese? Das Problem ist nur, dass dies in den meisten Fällen keine bewusste Entscheidung ist. Meine Beobachtung hierzu: Die meisten Menschen reagieren einfach reflexartig, lassen die bisherige Aufgabe liegen und kümmern sich um das neue Thema. Dann gibt es eine kleinere Gruppe von Menschen, die es sich – vermutlich aus Selbstschutz – angewöhnt haben, bei allen Unterbrechungen erstmal kategorisch „nein" zu sagen. Schließlich verschwindet dann ein gewisser Anteil wieder, ohne dass man einen weiteren Aufwand damit hat. Beide Reaktionsmuster sind verständlich. Meiner Ansicht nach sind aber beide in zu vielen Fällen nicht optimal. Die Empfehlung lautet, in der Unterbrechungs-situation das neue Thema so schnell wie möglich im Kern zu erfassen (das kann man auch in Gesprächen steuern, bspw. durch die Frage „was ist der Kern der Problematik?"), einen kleinen gedanklichen Schritt aus der Situation heraus zu machen und sich selbst bewusst eine Frage zu stellen wie: Macht es hier mehr Sinn, an meiner eigentlichen Aufgabe fest-zu-halten, oder ist es sinnvoller, dieses neue Thema zuerst anzugehen? Oder einfach: Was ist jetzt wirklich wichtiger?

Ja, das ist relativ banal. Aber ich garantiere Ihnen, dass Sie bei konstanter Anwendung dieser Vorgehensweise, die nur ganz wenige Sekunden erfordert, zwei entscheidende Vorteile haben werden: Zum einen haben Sie im Durchschnitt eine deutlich höhere Entscheidungsqualität, weil die Entscheidung nun bewusster getroffen wird. Zum anderen haben Sie stärker das Gefühl, Herr (oder Frau) der eigenen Arbeit zu sein. Dies gilt sogar dann, wenn Sie entscheiden, dass es im jeweiligen Einzelfall schlauer ist, die Aktivität zu wechseln. Schließlich haben Sie selbst entschieden.

Tipp 5: Gesteine und Zeitmanagement

„Du Chef, der Tod und die Steuer wollen Dich sehen – die Steuer besteht darauf, zuerst dran zu sein."

Was haben Gesteine und Zeitmanagement miteinander zu tun? Es gab einen Versuch im Chemieunterricht, den werde ich nie vergessen. Es gab zwei Reagenzgläser mit einem Fassungsvermögen von jeweils 100 ml. Beide Gläser waren aber nur zur Hälfte, also mit 50 ml gefüllt – jeweils mit einer durchsichtigen Flüssigkeit, die aussah wie Wasser. Dann ist die Lehrerin hingegangen und hat den kompletten Inhalt des einen Reagenzglases in das andere hineingeschüttet. Es ist nichts verschüttet worden und auch nichts verdunstet. Dennoch waren 50 ml plus 50 ml nicht, wie man mathematisch meinen würde, 100, sondern lediglich 96 ml. Was war die simple (alles andere würde mein Fachwissen in Sachen Chemie auch deutlich überfordern) Erklärung hierfür? Die Flüssigkeiten hatten einfach unterschiedliche Dichten. Die eine Flüssigkeit hatte also größere Teile als die andere.

Nehmen wir einen Maßstab, den wir uns besser vorstellen können. Stellen Sie sich vor, Sie haben 50 Liter Sand und 50 Liter größere Gesteinsbrocken. Wenn Sie den Sand zuerst in einen Behälter geben und dann erst die großen Brocken, dann sind es in Summe tatsächlich 100 Liter. Fangen Sie allerdings mit den großen Brocken an und geben dann den Sand hinein,  dann findet zumindest ein Teil des Sands Platz in den Zwischenräumen. Der theoretische Grenzfall lautet: 50 plus 50 gleich 50. Zumindest aber ist das Ergebnis bedeutend weniger als 100.

Was ist die Schlussfolgerung aus dieser Metapher, und was hat das Ganze mit Effektivität zu tun? Ganz einfach: Starten Sie mit den großen Brocken! Dieser Tipp hat mehr inhaltlichen Tiefgang, als es auf den ersten Blick vielleicht erscheinen mag. Warum? Ich behaupte, dass die Realität in den meisten Fällen anders aussieht. Angenommen, Sie haben zehn zu erledigende Aufgaben: einen großen Brocken und viele kleinere und mittlere

Aufgaben. Womit starten die meisten Menschen? Klar, mit den kleineren Aufgaben, weil wir dann schon mal einige Haken setzen können. Vielleicht können wir sogar schon relativ schnell die Hälfte der Aufgaben abhaken und haben dann das gute Gefühl, die Hälfte schon geschafft zu haben. Das ist eine – für Ihre Produktivität – gefährliche Illusion. Angenommen, Sie setzen für Ihre Planung bei der großen Aufgabe vier Stunden an und für die restlichen Aufgaben ebenfalls vier Stunden Aufwand. Bei einem angenommenen achtstündigen Arbeitstag ist dann ja alles bestens und die Reihenfolge sekundär, da Sie schließlich alle vorgenommenen Aufgaben an diesem Tag schaffen. So weit die Theorie. Sie und ich wissen, dass die Praxis anders aussieht. Nehmen wir an, dass Ihre Schätzung in Bezug auf die kleineren und mittleren Aufgaben relativ gut war. Sie haben nur bei zwei Aufgaben ein wenig länger gebraucht als gedacht und es gab an dem Tag nur ein paar wenige Unterbrechungen. Aus den geplanten vier Stunden sind also „nur" fünf-einhalb Stunden geworden. Sie erinnern sich: Menschen brauchen im Schnitt doppelt so lang wie gedacht, plus Unterbrechungen. Nun sind also vom achtstündigen Arbeitstag nur noch zweieinhalb Stunden übrig. Die Hemmschwelle, mit dem großen Brocken überhaupt noch zu starten, wird immer größer. Warum? Weil Sie wissen, dass Sie entweder noch ein paar Stunden werden dranhängen müssen und haben somit einen deutlich längeren Arbeitstag als angedacht oder Sie werden eine unfertige Aufgabe in der Mitte unterbrechen müssen und mit dem unbefriedigenden Gefühl einer großen, offenen Aufgabe nach Hause gehen.

Schauen wir uns den umgekehrten Fall an: Angenommen, Sie starten mit dem großen Brocken. Um realistisch zu bleiben, gehen wir auch hier davon aus, dass aus den angedachten vier Stunden dann doch fünfeinhalb werden. Dann haben Sie aber immer noch zweieinhalb Stunden Zeit, eine Vielzahl der kleineren und mittleren Aufgaben abzuarbeiten. Vielleicht erledigt sich auch eine Aufgabe von selbst, vielleicht finden Sie noch eine gute Delegationsmöglichkeit. Vielleicht bleiben auch ein paar wenige und nicht ganz so wichtige Aufgaben liegen. Aber ist es nicht besser, wenn zwei kleine, nicht ganz so wichtige Aufgaben liegen bleiben, als wenn die große, wichtigste Aufgabe liegen bleibt?

Welche Voraussetzung erfordert es, um mit dem großen Brocken anzufangen? Man könnte es Konsequenz nennen. Es ist aber nützlich, das Thema noch ein wenig anders zu beleuchten: Es geht auch darum, eine gewisse Gelassenheit in Bezug auf die Anzahl der offenen Aufgaben zu entwickeln.

Kleiner, aber sehr relevanter Exkurs: Die meisten arbeitenden Menschen bewerten ihre eigene Arbeitsproduktivität primär mit der Beantwortung der Frage: Wie viele ToDos habe ich geschafft? Abwandlungen dieser Frage sind: Welchen Anteil meiner Aufgaben habe ich geschafft oder wie viele ToDos sind noch offen? Ich vertrete eine völlig andere Ansicht hierzu: Dies sind nicht die entscheidenden Fragen. Entscheidend ist es, Fortschritte in wichtigen Bereichen zu machen. Eine Arbeitswoche war gut, wenn man in allen (oder zumindest den meisten) wesentlichen Bereichen einen guten Fortschritt erzielt hat – völlig unabhängig davon, wie viele ToDos noch offen sind. Eine ernüchternde Botschaft hierzu am Rande: Sie werden mit Ihrer Aufgabenliste ohnehin nie fertig, weil auf jede erledigte Aufgabe im Schnitt mindestens eine neue Aufgabe hinzukommt. Ganz abgesehen davon, dass das ausschließliche Fokussieren auf ToDos für die Produktivität nicht optimal ist, ist dies auch ein ungeeigneter und sich selbst gegenüber unfairer Maßstab.

Tipp 6: Gleich + gleich

„Der Schlüssel zum guten Zeitmanagement ist das Zusammenfassen gleichartiger Tätigkeiten. Ich mache alle Mausbewegungen montags, mittwochs und freitags und alle meine Klicks dienstags und donnerstags. "

Sie kennen bestimmt den Ausspruch „Gleich und gleich gesellt sich gerne". Was heißt das in Bezug auf unsere eigene Zeitverwendung? Die Kurzform: Fassen Sie gleichartige bzw. zusammengehör-ende Tätigkeiten so gut wie möglich zusammen. Das ist so ähnlich wie in der Produktion. Jedes Mal, wenn man von einem Produkt auf ein anderes umstellt, entstehen Rüstzeiten und somit Rüstkosten. Ist es im Büro nicht genauso? Meiner Beobachtung nach geht oft unnötigerweise Zeit dadurch verloren, dass von einer Tätigkeitsart zu einer anderen gesprungen wird. Es wird eine E-Mail beantwortet, dann ein Telefonat geführt, dann etwas abgeheftet, dann ein kurzes Meeting gemacht, dann wieder eine E-Mail bearbeitet. Nicht immer lässt es sich vermeiden, dass die eigene Arbeit ziemlich fragmentiert abläuft. Aber angenommen, Sie fassen gleichartige Tätigkeiten in Zukunft noch ein wenig besser zusammen: Welche Vorteile hätte das für Sie? Manche Vorteile mögen offensichtlich sein, manche vielleicht nicht: Zum einen reduzieren Sie die oben beschriebenen geistigen und praktischen Rüstzeiten beim Wechsel. Man ist geistig und praktisch einfach bei einer Sache. Jeder braucht eine gewisse Zeit, um alles zu beschaffen und „voll im Thema drin" zu sein (der eine kürzer, der andere länger). Zum anderen neigen die meisten Menschen durch eine bessere Zusammenfassung zu Tätigkeitsgruppen intuitiv stärker als sonst dazu, die Tätigkeitsgruppen zu einem Zeitpunkt durchzuführen, der für diese spezielle Tätigkeitsart gut geeignet ist. Es gibt einfach Zeiten am Tag, zu denen man andere Personen besser erreicht, solche, zu denen man sich in der Regel besser konzentrieren kann und solche, zu denen weniger Unterbrechungen kommen als sonst. Selten kommt jemand auf die Idee, einen Anrufblock auf sieben Uhr morgens zu legen. Dann sind Sie zwar mit Ihrer Anrufliste schnell durch, es bringt aber nicht viel. Das wäre ein Beispiel für „Aktivität ohne Fortschritt" und verdeutlicht erneut, dass es nicht darum geht, ToDo-Listen-Punkte abzuhaken, sondern Ergebnisse zu er-zielen.

Versuchen Sie beispielsweise, so viele Telefonate wie möglich in einem Zeitblock zusammen zu fassen. Versuchen Sie auch, einen Großteil der E-Mails, die Sie abarbeiten, nicht tröpfchenweise abzuarbeiten, sondern am Stück. Natürlich gibt es vielfach Situationen, bei denen es mehr Sinn macht, nicht Tätigkeitsarten zusammenzufassen, sondern Aufgaben, die zu einer Sache gehören. Dies gilt vor allem dann, wenn es ein komplexes Thema ist.

Natürlich hat die Zusammenfassung gleichartiger Tätigkeiten oft Grenzen: Ich habe es mal mit Duschen probiert. Ich habe 14 Mal hintereinander geduscht – sogar sorgfältig, in der Hoffnung, dann 13 Tage lang danach nicht duschen zu müssen. Ich habe dann ab Tag vier meines Experiments deutlich negative Rückmeldungen aus meinem Umfeld erhalten .... Nein, natürlich habe ich das nicht ausprobiert.

Hier noch ein Gast-Tipp (von Kathrin Knabe, Zirndorf) zum Thema „gleichartige Tätigkeiten", gemischt mit dem Thema „Familie organisieren": Gehen Sie möglichst nur einmal in der Woche einkaufen (mit Liste). Erstellen Sie einen Familien-Wochenplan und hängen diesen gut sichtbar auf. Bilden Sie Fahrgemeinschaften mit anderen Eltern. Teilen Sie jedem Familienmitglied feste Aufgaben im Haushalt zu.

Tipp 7: Multitasking!?

„Während ich mit meinen Händen E-Mails schreibe, mit Mund und Ohren Wertpapiere handle und mit Kunden spreche, stehen meine Füße faul herum. Haben Sie Effizienzsteigerungsmaßnahmen für meine Füße?"

Es gibt kaum eine Frage, die mir häufiger gestellt wird in Bezug auf das Thema Effektivität als die Frage: „Wie kann ich mein Multitasking trainieren, um Zeit zu sparen?" Schließlich ist man ja doppelt so schnell, wenn man zwei Dinge auf einmal macht. Meine glasklare Meinung hierzu lautet: Am meisten Zeit sparen Sie beim Multitasking durch eine einfache Strategie: Indem Sie es sein lassen! Wir wissen aus der Gehirnforschung, dass wir Menschen uns zumindest in einem Augenblick bewusst immer nur auf eine Sache konzentrieren können.

Exkurs hierzu: In Veranstaltungen kommt an dieser Stelle oft der Einwand, meistens von weiblicher Seite: Aber Frauen können das mit dem Multitasking doch besser als Männer, oder? Tatsächlich gibt es primär Gemeinsamkeiten zwischen dem Gehirn von Männern und dem Vergleich zum Ge-  hirn von Frauen, aber es gibt auch ein paar Unterschiede. Ballen Sie einfach mal Ihre Hände zu Fäusten, halten die beiden Fäuste direkt neben- einander und werfen einen guten Blick hierauf. Dies ist in etwa die Größe Ihres Ge- hirns. Das ist für manche Menschen eine äußerst ernüchternde Feststellung. Ich kann Sie beruhigen: Es gibt keinen (zumindest mir bekannten) Zusammenhang zwischen Ihrer Gehirngröße und Ihrem Intelligenz- quotienten. Jedenfalls sind diese beiden Gehirnhälften über einen Nervenstrang miteinander verbunden. Dieser Nervenstrang ist bei Frauen im Durchschnitt stärker ausgeprägt als bei uns Männern. Dies führt in vielen Situationen zu einer besseren Zusammenarbeit der beiden Gehirnhälften. Dies merkt man unter anderem daran, dass Frauen besser als wir Männer in der Lage sind, ein

Gespräch zu führen und gleichzeitig zu hören, was die Freundinnen oder nicht-so-geliebten Menschen im Hintergrund alles tuscheln. Wir Männer fühlen uns in solchen Situationen typischerweise überfordert. Dies merkt man vor allem an der Couchsituation. Kennen Sie die Couchsituation? Männlein und Weiblein sitzen auf der Couch nebeneinander. Der Fernseher läuft. Gleichzeitig möchte sie reden. Nach kurzer Zeit sagt er: „Schatz, entweder wir reden oder wir schauen Fernsehen – nicht beides gleichzeitig." Und denkt sich: „Am liebsten fernsehen".

Wann macht Multitasking denn wirklich Sinn? Es kann durchaus Zeit sparen – und zwar ohne nennenswerten Qualitätsverlust – wenn zumindest eine der beiden Tätigkeiten (weitestgehend) unbewusst ablaufen kann. Ich glaube sehr daran, dass man viele Leerzeiten nutzen kann, beispielsweise beim Warten auf die Bahn, den Arzt etc. Natürlich muss nicht krampfhaft jede Sekunde produktiv genutzt werden. Man kann die Zeit auch nutzen, indem man diese ganz bewusst nicht nutzt. Aber vielen Personen ist gar nicht bewusst, dass sie am Tag eine halbe Stunde mit Warten verbringen. Warum nicht die Fachzeitschrift oder die Tageszeitung oder irgendetwas anderes in dieser Zeit lesen?

Ein hierzu passender Gast-Tipp (von Nicole Duske, Minden): Es gibt Dinge, die „ohne mein Beisein" laufen. Diese mache ich zuerst. Privat sind das Dinge wie die Waschmaschine. Diese kann laufen, während ich bügele. Das ist zwar banal, spart aber viel Zeit, wenn man seine Planung konsequent hieran ausrichtet, und lässt sich an manchen Stellen auch auf das Berufsleben übertragen.

Meiner Beobachtung nach sind vor allem solche Menschen besonders produktiv, die sich sehr gut abschnittsweise konzentrieren können. Was ist hiermit gemeint? Abschnittsweise konzentrieren bedeutet, dass man sich, nachdem man sich Gedanken über die sinnvolle Reihenfolge der Tätigkeiten gemacht hat, dann voll auf die jeweilige Tätigkeit konzentriert und währenddessen alles andere konsequent ausblendet. Man führt die Tätigkeit also mit einem sinnvollen Qualitätsanspruch zügig durch. Wenn man hiermit fertig ist, geht man zur nächsten Tätigkeit über und konzentriert sich bis zur Fertigstellung voll hierauf.

Warum meinen so viele Menschen, dass sie beim Multitasking produktiver sind? Es scheint das Motto zu herrschen: Wenn ich zwei Dinge gleichzeitig erledige, dann bin ich doppelt so schnell. Der Grund für die – meiner Ansicht nach weit verbreitete Fehlannahme – lautet: Viele Menschen verwechseln Stress mit Produktivität. Weil man beim Multitasking gestresster ist, als wenn man „nur" eine Tätigkeit ausführt, ist das Stressniveau höher. Deswegen zu meinen, dass man produktiver sei, ist zwar verständlich, aber in den meisten Fällen ein Trugschluss.

Unabhängig vom Thema Multitasking beobachte ich speziell bei meinen Einzelcoachingklienten (die ich natürlich deutlich besser kennen lerne als die meisten Seminarteilnehmer) alle vier Kombinationen von Produktivität und Stressniveau:

1) Menschen, die hochproduktiv und total gestresst sind
2) Menschen, die hochproduktiv und nicht so gestresst sind (spannende Kombination!)
3) Menschen, die nicht so produktiv sind und auch nicht so gestresst (da Sie dieses Buch lesen, streben Sie dies mit hoher Wahrscheinlichkeit nicht an)
4) Menschen, die nicht so produktiv sind, aber total gestresst (eine schwierige Kombination, oft auch für das Umfeld)

Entscheiden Sie selbst, in welcher Kombination Sie leben möchten, d.h. den überwiegenden Teil Ihrer Zeit verbringen möchten.

Übrigens finden Sie einen Gast-Beitrag zu Stressreduzierung und Burnoutvermeidung von Justin Haiböck unter www.peoplebuilding.de/burnoutvermeidung.pdf. Es sind simple, kurz gehaltene Tipps vom Experten und geschätzten Kollegen.

Tipp 8: Fingerabdrücke vermeiden mit AAA-Formel

„Danke für Ihren Anruf bei der Kreativ-Seminar GmbH. Wenn Sie kreativer Probleme lösen möchten, drücken Sie die 1, ohne einen Teil ihres Telefons zu berühren."

Oft geht Zeit dadurch verloren, dass eintreffende Informationen nicht gleich klar bewertet werden. Vielleicht kennen Sie das: Es kommt eine E-Mail oder ein physisches Dokument herein, man liest es so, dass man weiß, dass das Thema noch nicht „brennt", aber man hat es nicht so erfasst, dass man es vollständig bewerten kann. Dies nenne ich „40-Prozent-Lesen" (und hat nichts mit der von mir vermittelten Schnelllesetechnik zu tun, bei der es ausdrücklich um ein mindestens genauso hohes Textverständnis bei höherem Tempo geht). Die Folge des 40-Prozent-Lesens ist, dass man das Thema zwar für den Augenblick vom Tisch hat, aber es wiederkommt und man sich dann noch mal intensiver damit befassen muss. Der Gesamtaufwand ist also höher, als wenn man es gleich einmal richtig verarbeitet hätte. Hieraus leitet sich der Tipp ab, auf einem Blatt Papier möglichst nur einmal Fingerabdrücke zu hinterlassen. Natürlich gilt dies auch im übertragenen Sinn für elektronisch eintreffende Informationen und natürlich nicht um die hinterlassenen Spuren als solche.

Was hat es mit der AAA-Formel auf sich? Alle Informationen gehören in eine von drei Grobkategorien. Diese stellen eine Hilfe bei einer schnellen Kategorisierung dar.

1) Abfall: Viele Dinge sind es einfach nicht wert, dass man sie aufbewahrt. Die meisten Menschen sind gut damit beraten, ein wenig mehr Mut im Umgang mit der „Ablage rund" bzw. der

„Entfernen-Taste" an den Tag zu legen. Sehr beliebt ist nach einem Überfliegen eines Sachverhalts das Fazit: Darum kümmere ich mich mal, wenn ich deutlich mehr Zeit habe. Jetzt mal im Ernst: Passiert das wirklich jemals, dass Sie nichts mehr zu tun haben und diesen Stapel dann hervorholen? Fragen Sie sich also in Zukunft: Werde ich damit wirklich etwas machen? Wenn ja, ok. Dann bewahren Sie es auf. Aber wenn nicht, dann wissen Sie, was zu tun ist. Sollten Sie sich mit dem Entsorgen schwer tun, dann legen Sie doch einfach einen Ordner an, in den die ganzen Dinge reinkommen, von denen Sie glauben, diese nicht mehr zu benötigen, aber sich noch nicht trauen, diese zu entsorgen. Wenn Sie nach ein paar Monaten reinschauen, werden Sie überrascht sein, wie selten Sie hieraus auch nur eine Sache brauchen – zumindest geht es den meisten Menschen so. Hierzu ein Gast-Tipp (von Stefan Bock, Philippsthal): Oft stapeln sich wahre Berge an eingegangenen Zeitungen und Zeitschriften. Definieren Sie für Zeitschriften und Zeitungen ein Verfallsdatum, beispielsweise vier Wochen für Zeitschriften und fünf Tage für Zeitungen. Wenn diese Frist verstrichen ist, dann kommt es in den Müll – ohne es noch mal anzusehen.

2) Aktivität: Viele eintreffende Informationen erfordern eine Aktivität von Ihnen – sei es sofort oder zu einem späteren Zeitpunkt. Das hängt natürlich vom Einzelfall ab. Meine Empfehlung zur Reaktion hierauf kennen Sie bereits (bewusste

Frage: Macht es in diesem Fall mehr Sinn, mit der bisherigen Aufgabe weiter zu machen, oder nicht?). Wenn eine Aktivität erforderlich oder zumindest sinnvoll ist, dann planen Sie diese logischerweise ein – sofort oder später terminiert.

3) Ablage: Natürlich gibt es zahlreiche Informationen, die wichtig sind (oder in der Zukunft wichtig werden könnten) und deshalb nicht in den Abfall gehören. Wenn diese aus heutiger Sicht keine Aktivität erfordern, dann gehören diese natürlich in eine Ablage irgendeiner sinnvollen Form. Eine sinnvolle Form bedeutet, dass Sie die Informationen relativ schnell wieder finden. Wenn andere Personen ebenfalls darauf angewiesen sind, sollten sie natürlich auch für diese Personen leicht findbar und verständlich sein. Es ist erstaunlich, wie viel Zeit Menschen in Organisationen unnötigerweise mit dem Suchen nach Informationen verbringen – manchmal selbstverschuldet, oft fremdverschuldet. Aber konkrete Empfehlungen zur Ablage sind noch mal ein separates Thema für eine spätere Stelle im Buch.

Die Empfehlung lautet also: Versuchen Sie eintreffende Informationen sofort in eine der drei Kategorien (Abfall, Aktivität, Ablage) einzuteilen um diese dadurch möglichst selten doppelt in die Hand nehmen zu müssen. Denken Sie hierbei an die Fingerabdrücke, die Sie möglichst nur einmal hinterlassen möchten.

Natürlich gibt es Sachverhalte, die wir zu einem späteren Zeitpunkt besser bewerten können, weil wir dann eine bessere Informationsgrundlage haben werden. Wenn die Handlung oder Entscheidung zusätzlich eine gewisse Tragweite hat, macht es natürlich Sinn, keine voreilige Entscheidung zu treffen. Wenn man sich allerdings um eine sofortige Entscheidung bemüht, ist es erstaunlich, wie selten man Dinge mehrfach angehen muss. Neben der Zeitersparnis hat es auch etwas sehr Befreiendes, deutlich weniger offene Baustellen zu haben.

Tipp 9: Die Immer- und Überall-Krankheit

Der Protest eines Hundes: „Kein Faxgerät, kein Telefon, kein Computer, kein Schreibtisch ... Wie kannst Du von mir bloß erwarten, dass ich mein Geschäft hier draußen mache."

Ein schwieriges Thema: Wann wollen Sie erreichbar sein, für wen und in welcher Form? Auf diese Frage gibt es leider keine ganz simple, allgemeingültige Antwort, die für jeden und jede Situation passt. Jede pauschale Empfehlung, die ich Ihnen geben würde, würde in den meisten 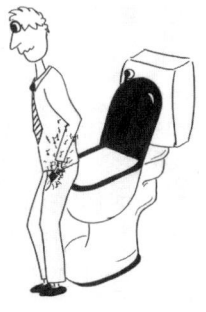 Fällen zu kurz greifen, weil die Welt meistens komplexer ist als eine einfache Regel. Warum ist das Thema mit der Erreichbarkeit so schwierig? Das wiederum ist einfach zu beantworten. Weil wir durch moderne Kommunikationsmittel (v.a. E-Mail und Smartphone) jederzeit erreichbar sein können. Das hat Vorteile, aber auch Nachteile. Es ist ein Zielkonflikt mit dem Versuch (und oft auch der Erwartung anderer), erreichbar zu sein und gleichzeitig unterbrechungsfrei Aufgaben abzuarbeiten. Das ist schlichtweg widersprüchlich.

Ich möchte Ihnen eine kleine Geschichte zu diesem Thema erzählen. Vor ein paar Jahren war ich auf einer Herrentoilette. Dies war übrigens nicht das letzte Mal, dass ich auf einer Herrentoilette war – so gut bin auch ich nicht in der Lage, gleichartige Tätigkeiten zusammen-zufassen. Jedenfalls stand ich an einem Urinal und bin einer aus meiner Sicht gewöhnlichen Tätigkeit nachgegangen. Keine Sorge: Ich erspare Ihnen anatomische Details. Neben mir stand ein anderer Herr, der einer ähnlichen Tätigkeit nachgegangen ist. Bis dahin nichts Ungewöhnliches. Dann klingelt das Handy des Herrn zu meiner Rechten. Schon komisch, wo man mittlerweile überall erreicht wird, dachte ich mir. Spannend wird es, als er entscheidet, dran-zu-gehen. Er klemmt sein Handy ans Ohr und führt dieses offensichtlich geschäftliche Telefonat. Nebenbei bemerkt: Er ist mit seinem anderen Geschäft noch nicht fertig. Ich persönlich bin mittlerweile fertig und gehe hinüber zum halbabgetrennten Raum, um mir die Hände zu waschen. Dabei lasse ich mir ein wenig mehr Zeit als sonst und schiele unauffällig nach rechts (das würde ich heute mit fortgeschrittener Persönlichkeitsentwicklung selbstverständlich nicht mehr machen), weil ich das Gefühl habe: Jetzt gleich passiert etwas. Dann holt der Herr – weiterhin das Telefonat führend und noch nicht ganz „eingepackt", einen Notizblock aus seiner Innentasche. Er klemmt diesen zwischen Ellenbogen und Wand ein und macht dabei Notizen. Um dies rein physisch zu bewerkstelligen, dreht er sich unbewusst deutlich nach links. Ich habe ihn anatomisch deutlich besser kennengelernt, als ich das jemals wollte.

Mit ein paar Augenblicken und Metern Abstand dachte ich mir: Prima – jetzt hast Du eine neue Veranstaltungsstory. Mit ein paar weiteren Augenblicken Abstand stellte ich mir selbst die Frage: Wann will ich erreichbar sein, für wen und in welcher Form? Diese Frage möchte ich an Sie weitergeben. Entscheiden Sie selbst, wann, für wen und in welcher Form es sinnvoll ist, erreichbar zu sein. Wichtig ist, Regeln für sich selbst und andere Personen (im Umgang mit Ihnen) aufzustellen. Es geht nicht darum, dass es nie eine Ausnahme zu diesen Regeln gibt, aber schon darum, was die Regel und was die Ausnahme darstellt. Aspekte in diesem Zusammenhang sind unter anderem:

1) Gehen Sie in der Mittagspause ans Telefon?
2) Wer bekommt Ihre Handynummer?
3) Wie oft checken Sie in Ihrer Freizeit Ihre E-Mails?

Es gibt kein „richtig" oder „falsch". Es gibt höchstens ein „bestmöglich" – und das auch nur für Sie persönlich. Überraschend ist für viele Personen, dass die meisten Geschäftspartner vernünftig kommunizierte Grenzen und Wünsche an die Zusammenarbeit akzeptieren und meistens sogar respektieren. Ein Beispiel: Ich habe vor mehreren Jahren entschieden, dass Kunden meine Handynummer nicht erhalten. Warum? Weil mein Büro zu normalen Bürozeiten besetzt ist, ich mit meinem Büro täglich in Verbindung stehe und dieses mich bei hochdringenden Angelegenheiten (die wir sehr selten haben) mobil anrufen kann. Ich habe viel mehr Ruhe als der weitaus überwiegende Anteil meiner Trainerkollegen mit einer vergleichbaren Positionierung im Markt. Ich glaube auch nicht, dass der Service darunter leidet, weil wir Alternativen geschaffen haben. Natürlich werden meine Mitarbeiter und ich öfters mal nach meiner Handynummer gefragt. Mitarbeiter sagen einfach höflich etwas wie: „Es tut mir leid, aber die darf ich nicht herausgeben. Herr Davis ist ohnehin gerade in einem Vortrag, aber in einer Stunde ist er wieder erreichbar und ich rufe ihn sofort an. Er meldet sich so schnell wie möglich. Wie sind Sie denn erreichbar?" Wenn ich persönlich gefragt werde, ist es natürlich nicht ganz einfach, Nein zu sagen. Ich sage dann einfach: „Nein, Sie sind bloß ein C-Kunde. Sie bekommen die Handynummer nicht!" Nein, natürlich nicht. Damit es keine Missverständnisse gibt: Es gibt keine solche Kategorisierung bei uns. Ich sage dann häufig etwas wie: „Der schnellste Weg, mich zu erreichen, ist über das Büro. Ich bin ohnehin die meiste Zeit in Veranstaltungen. Ich hoffe, dass das für Sie in Ordnung ist." Und wissen Sie, wie die meisten Personen reagieren? Fast immer respektvoll. Manchmal gibt es rein sachlich Rückfragen zu praktischen Aspekten der Zusammenarbeit. Ich habe den Eindruck, dass sich viele wünschen, dass es bei ihnen selbst ähnlich wäre. Die Kernbotschaft bleibt: Definieren Sie sinnvolle Grenzen und Regeln in Bezug auf die Frage: Wann wollen Sie erreichbar sein, für wen und in welcher Form.

Tipp 10: Die wertvolle SMMS

„Am Montag bereite ich mich auf meine Wochenplanung vor. Am Dienstag plane ich meine Woche. Am Mittwoch überarbeite ich meine Planung. Am Donnerstag tippe ich meinen Plan für die Woche in den Computer. Am Freitag denke ich über das Starten meines Planes für die nächste Woche nach. "

Sie kennen sicher die SMS, also die Textnachricht. Vielleicht kennen Sie auch die MMS, die Bildnachricht. Was aber ist die SMMS? Eine neue zeitsparende Bild-Text-Kombinationsnachricht? Nein, es ist keine weitere technische Neuerung. SMMS ist die Abkürzung für „Stunde mit mir selbst".

Mit einer SMMS sind zwei Dinge gemeint:

1) Zeit für unterbrechungsfreie Arbeit. Ob die hierfür sinnvolle Menge bei einer Stunde pro Woche liegt oder bei sechs Stunden am Tag, kann ich für Sie im Einzelfall nicht beantworten. Für viele Menschen liegt ein guter Wert zwischen einer und drei Stunden pro Arbeitstag. Klar, wer ein Sekretariat hat, für den ist es ein-  facher, Bescheid zu geben, dass man gerade nicht erreichbar ist. Aber auch ohne Sekretariat ist es sehr oft möglich, auch mal konzentriert arbeiten zu können. Vor ein paar Jahren berichtete mir ein

Seminarteilnehmer, dass er sich mit zwei Kollegen in vergleichbarer Funktion abgesprochen hat, dass jeder am Vormittag eine Stunde hat, in der die anderen beiden für diesen ans Telefon gehen. Jeder hat also täglich eine solche Sperrstunde, bei der man nur für echte Notfälle erreichbar ist. Natürlich erhalten die anderen beiden in dieser Zeit ein paar Anrufe mehr und anschließend sind meistens einige Rückrufe zu tätigen. Sein Fazit: Die Produktivität und sogar das Serviceniveau gegenüber den (in diesem Fall internen) Kunden sind gestiegen. Nach dieser Schilderung habe ich andere Gruppen ermutigt, dies ebenfalls auszuprobieren. Ich habe fast nur von positiven Erfahrungen gehört. Noch nie habe ich von nennenswert negativen Erfahrungen gehört.

Eine weitere Möglichkeit, den Anteil der unterbrechungsfreien Arbeit zu erhöhen, ist die Verschiebung der Arbeitszeit nach vorne oder hinten. Vorweg: Nicht jeder darf seine Arbeitszeit verändern und manchmal gibt es praktische Gründe, die dagegen sprechen. Aber oft ist es machbar und sinnvoll. Angenommen, jemand arbeitet bisher in der Regel von 9 Uhr bis 17 Uhr. Was passiert, wenn man die gleiche Stundenanzahl arbeitet, aber eine Stunde später oder zwei Stunden früher anfängt? Eine Teilnehmerin berichtete mir mal, dass sie früher von 8 bis 16 Uhr gearbeitet hatte und seit einem Jahr von 6 bis 14 Uhr. Sie meinte, Sie schaffe bis 8 Uhr das komplette Tagespensum von früher. Ich vermute eine Übertreibung in dieser Schilderung, aber dass sie mehr schafft als früher steht außer Frage. Vielleicht wollen Sie Ihre Arbeitszeit nicht komplett verschieben. Aber probieren Sie mal aus, dies ab und an zu tun.

2) Der zweite, mindestens genauso wichtige Aspekt der SMMS ist die Wochenplanung. Warum empfehle ich primär eine Wochen- und nicht eine Tagesplanung? Der Hauptgrund ist relativ einfach: Die berufliche Praxis zeigt, dass die Tagesplanung – salopp formuliert – verdammt schwer einzuhalten ist. Warum? Weil es sehr schwierig bis unmöglich ist, zu prognostizieren, wie viele Unterbrechungen und sonstige unvorhergesehene Dinge passieren werden. Ist das bei der Wochenplanung anders? Auch hier kann man die Anzahl der Unterbrechungen nicht exakt prognostizieren. Aber bei einer Wochenplanung weicht die Menge des Unvorhergesehenen prozentual deutlich weniger vom Plan ab als bei einem Tag. Dies ist ein rein statistisches Phänomen (Gesetz der großen Zahl) und trifft auf fast jeden Bereich zu. In vielen Fällen liegt die Schwankung pro Woche bei +/- 20 Prozent, während die Abweichung pro Tag bei +/- 50 Prozent liegt. Dieses Phänomen macht Wochenplanung von vorneherein realistischer – unabhängig von der Qualität der Planung. Zudem sind die meisten Menschen bei einer Wochenplanung deutlich strategischer und weniger reaktiv als bei einer Tagesplanung.

Das setze ich um (aus Tipps 1-10):

8 Prinzipien hocheffektiver Menschen

Von einzelnen Zeitspartipps zurück zu mehr strategischen Dingen, grundlegenderen Dingen. Die acht Prinzipien hocheffektiver Menschen sind entstanden aus der Beobachtung von Personen, die nicht nur dauerhaft hochproduktiv sind, sondern auch ein Stressniveau haben, das sich in Grenzen hält.

Prinzip 1 „Klarheit"

„Das stimmt, ich habe beschlossen, mir selbst eine Gehaltserhöhung von Null zu geben - um in diesen schwierigen Zeiten ein Signal zu setzen. 500.000 Euro + 0 Euro = 5.000.000 Euro."

Das erste Prinzip ist das Prinzip der Klarheit. Klarheit ist die halbe Miete auf dem Weg zu kleinen und großen Zielen. Kennen Sie die Geschichte von Alice im Wunderland? Alice fragte die Katze, welchen Weg sie an der Gabelung einschlagen solle. Daraufhin fragte die  Katze zurück: „Alice, wo willst du denn hin?" Darauf sagte Alice: „Keine Ahnung. Ich muss nur entscheiden, in welche Richtung ich gehe." Darauf sagte die Katze: „Wenn du nicht weißt, wohin du willst, dann ist kein

Weg der richtige!" Ein Satz mit einer wichtigen Kernbotschaft.

Die Aufforderung ist simpel, wird aber im Alltag sehr, sehr oft vergessen: Machen Sie sich vor dem Losmarschieren zumindest kurz Gedanken drüber, wo Sie im Anschluss landen wollen. Wenn Sie einen Sonnenaufgang suchen und laufen nach Westen, dann können Sie noch so motiviert sein und ein noch so gutes Equipment besitzen: Sie werden das Ziel nicht erreichen.

Vielleicht haben Sie an dieser Stelle den Eindruck, dass es beim Prinzip der Klarheit lediglich um größere Ziele geht. Weit gefehlt. Es geht auch darum, vor einem Telefonat wenigstens ein paar Sekunden zu pausieren und sich selbst die Frage zu stellen: Was sind die wichtigsten Ergebnisse für dieses Telefonat? Oder stellen Sie sich vor, dass inmitten eines detailreichen Meetings auch nur eine Person anwesend ist, die sich selbst (und vielleicht sogar konstruktiv verbalisiert in den Raum hinein) fragt: Wo steuern wir gerade hin?

Das Prinzip der Klarheit ist – wie die anderen Prinzipien auch – ein Denkprinzip, das keine Inselanwendung abdeckt, sondern einen hilfreichen Ansatz für die unterschiedlichsten Situationen darstellt.

Prinzip 2 „Gründe"

„Ich gebe immer 110 %: montags 40 %, dienstags 30 %, mittwochs 20 %, donnerstags 15 % und freitags 5 %.

Zunächst eine Beobachtung: Eine der häufigsten Ursachen für De-Motivation am Arbeitsplatz und auch in anderen Lebensbereichen ist meiner Beobachtung nach das Fehlen eines wahrgenommenen Sinns. Das hat oft nicht viel mit dem  objektiven Beitrag der Person zu tun, sondern – wie so oft – vielmehr mit der Interpretation der Realität. Der eine sieht in seinem Job einen wichtigen Beitrag für das Unternehmen und führt sich zudem vor Augen, dass er hiermit zusätzlich das eigene Haus, Essen, Auto und Urlaube finanziert. Jemand anderes geht der gleichen Tätigkeit nach, hat die damit geleisteten Beiträge aber völlig aus den Augen verloren und ist deshalb weniger motiviert.

Jede Zielerreichung erfordert eine Grundmotivation. Sonst geht einem unterwegs früher oder später die Puste aus. Wer oft mit dem vielzitierten inneren Schweinehund zu kämpfen hat, dem fehlt in der Regel ein Satz guter und geistig präsenter Gründe. Wissen Sie, woher das Wort Motivation stammt? Vom lateinischen Wort „movere". „Movere" bedeutet „bewegen". Wer also nicht motiviert ist, dem fehlen die Beweggründe. Häufig entsteht übrigens der größte Handlungsdrang nicht aus einer „Hin-zu-Motivation", sondern aus einer „Von-weg-

Motivation". Hierzu gibt es zahlreiche Beispiele aus Situationen mit unterschiedlicher Tragweite. Wann räumen Sie Ihren Schreibtisch auf? Vermutlich nicht dann, wenn dieser schon sehr ordentlich ist und Sie sich denken: „Mensch, da könnte ich noch ein wenig optimieren". Nein, Sie räumen Ihren Schreibtisch auf, wenn dieser einen Zustand erreicht hat, den Sie nicht mehr haben wollen. Diese persönliche Toleranzschwelle schwankt von Person zu Person sehr stark. Falls Sie hieran Zweifel haben, dann schauen Sie sich einfach mal bewusst den Schreitisch einer beliebigen Auswahl von einem Dutzend Kollegen, Kunden oder Dienstleistenden an.

Ein paar Beispiele für Bereiche mit deutlich größerer Tragweite: In einem Seminar meldete sich mal ein Finanzberater beim Thema „Beweggründe" zu Wort. Er habe schon immer gewisse finanzielle Ziele als selbstständiger Finanzberater gehabt, hatte diese auch definiert, so wie man es in Büchern liest (Sie wissen schon: konkret, positiv formuliert usw.), aber sei nie auf das Niveau gekommen, das er definiert hatte. Bis zu einem Schlüsselerlebnis im Alltag: Er stand an einer Tankstelle und hatte seinen Wagen vollgetankt. Dann wollte er zahlen. Er hatte kein Bargeld dabei. Als er dann mit einer Karte zahlen wollte, musste er feststellen, dass alle Karten gesperrt waren, weil alle Konten so weit überzogen waren, dass nichts mehr ging. Peinliche Situation. An diesem unangenehmen Punkt angekommen hat er (stark von-weg-motiviert) entschieden, dass finanzielle Dinge ab sofort deutlich anders werden müssen. Es war ein Wendepunkt.

In einer anderen Veranstaltung gab es schon vor dem offiziellen Beginn eine merkwürdige Situation: Immer, wenn jemand Neues eintraf, bekam diese neu eintreffende Person große Augen und sagte zu einem bestimmten Kollegen so etwas wie: „Mensch, wie siehst Du denn aus?" Für mich sah der Herr nicht ungewöhnlich aus. Nach vier oder fünf sehr ähnlich gelagerten erstaunten Reaktionen war meine Neugierde so weit geweckt, dass ich nachgefragt habe. Es stellte sich heraus, dass dieser Kollege seit dem letzten Treffen in diesem Kreis vor einem halben Jahr extrem abgenommen hatte. Beim Mittagessen habe ich ihn gefragt, was der Auslöser war. Seine Antwort: „Ich konnte meine Schuhe nur noch mit großer Mühe und am Bauch vorbeigreifend selber binden. Das war mir, vor mir selbst, so unangenehm, dass ich endgültig entschieden habe, dass sich das ändern muss!" Er hatte sich vorher schon jahrelang Abnehm-Ziele gesetzt, diverse gesundheitliche Vorteile gekannt usw. Es hat aber nicht zum dauerhaften Erfolg geführt. Was bedeutet dies in der Schlussfolgerung? Muss man immer an einen solchen unangenehmen Punkt wie der Tankstellen- oder Schuhbindesituation ankommen, damit eine entscheidende Weichenstellung geschieht? Nein, muss man nicht. Vor allem dann nicht, wenn man sich beide Seiten der Medaille zunutze macht: die „Hin-zu-Motivation" und die „Von-weg-Motivation". Führen Sie sich also auch vor Augen, weshalb Sie einen bestimmten Zustand nicht mehr haben möchten.

Prinzip 3 „Glaube"

„Willkommen zu der Ego-Reparatur-Hotline! Drücke 1 für ‚Hey, du schaust heute großartig aus!' Drücke 2 für ‚Wie hast du es geschafft, so schlau zu werden?' Drücke 3 für ‚Ich wünschte, ich wäre mehr wie du.' "

Auch wenn Sie wissen, was Sie wollen (Klarheit) und warum (Gründe), kann es sein, dass nichts passiert. Eine ganz wesentliche Rolle spielt der Glaube an die Realisierbarkeit des Vorhabens. Eng damit verbunden ist eine gewisse Grundüberzeugung in Bezug auf die eigenen Fähigkeiten.
Ohne ein intensives Persönlichkeitsentwicklungsprogramm aus diesem Prinzip machen zu wollen, möchte ich Ihnen verdeutlichen, wie wichtig dieses Thema ist. Hierzu zwei Beispiele:

1) Wer ist der erfolgreichste Basketballspieler aller Zeiten? Die häufigste Antwort auf diese Frage lautet: Michael Jordan. Jordan hat in der amerikanischen Profiliga extrem viele Punkte erzielt. Genau genommen lag sein Schnitt bei 30,1 (reguläre Saison) bzw. 33,4 (Playoffs) Punkten pro Spiel. Was schätzen Sie, wie viele Punkte Michael Jordan in der zehnten Klasse erzielt hat? 20, 30, 50, 100? Weit gefehlt: Er hat keinen einzigen Punkt erzielt. Er ist an der Aufnahme ins Team gescheitert. Zu dieser Zeit gab es vermutlich nur eine Person, die daran

geglaubt hat, dass Michael Jordan irgendwann der beste Spieler aller Zeiten werden würde: Michael Jordan selbst. Und vielleicht seine Eltern. Zumindest Eltern glauben an einen – zumindest manche. Sie sind kein Leistungssportler? Sie arbeiten primär geistig? Was hat diese Story mit geistigen Leistungen zu tun? Lesen Sie Beispiel Nummer 2.

2) Kennen Sie George Dantzig? Wenn nicht, dann - bei allem Respekt gegenüber Herrn Dantzig – ist dies keine gravierende Bildungslücke. George Dantzig hatte als Mathematikstudent die Ange- wohnheit, die akademische Viertelstunde zu übertreffen. So auch an diesem Morgen: Die Vor- lesung war bereits in vollem Gange, als er im Hörsaal eintraf. Oft schrieb der Professor am Anfang der Vorlesung die bis zur nächsten Vorlesung zu lösenden Aufgaben an die Tafel. Auch an diesem Morgen standen dort zwei Aufgaben, die George Dantzig abschrieb. Nach der Vorlesung setzte er sich dran, die Aufgaben zu lösen. Vor allem die eine Aufgabe war deutlich schwerer als die sonstigen Hausaufgaben. Nach einem langen Tag und einem Teil der Nacht hatte unser zielstrebiger Student die Lösungen. Diese schrieb er fein säuberlich ab und legte sie wie üblich dem Professor ins Fach. Am darauf- folgenden Morgen klopfte es laut an seiner Tür. Davor stand ein höchst aufgeregter Mathematik- professor: „Herr Dantzig, Sie haben zwei un- lösbare Aufgaben gelöst, an denen sogar der Kopf der Köpfe – Albert Einstein – gescheitert war. Ich

hatte diese Aufgaben nur als Beispiele unlösbarer Aufgaben angeschrieben." Dantzig entgegnete: „Ich wusste nicht, dass diese unlösbar waren. Also habe ich sie gelöst." Er hat also geglaubt, dass es machbar ist. Was wäre passiert, wenn er davon ausgegangen wäre, dass es unlösbare Aufgaben sind? Vermutlich hätte er es gar nicht erst versucht.

Bedeuten diese Beispiele, dass man – den entsprechenden Glauben vorausgesetzt – alles erreichen kann? Ich denke nicht. Es gibt Naturgesetze, die sich vermutlich nicht außer Kraft setzen lassen. Es gibt auch sicher Vorhaben, die eine extrem geringe Erfolgsaussicht haben: Wenn jemand im Alter von 20 Jahren noch nie einen Tennisschläger in der Hand hatte, dann kann er zwar ein guter Spieler werden, aber die Spitze der Weltrangliste erscheint extrem unrealistisch. An etwas zu glauben, ist keine Garantie für die Erreichung. Aber nicht daran zu glauben ist (nahezu) ein Garant dafür, dass es nicht erreicht wird. Übrigens bin ich persönlich auch kein Befürworter des reinen Positivdenkens. Es ist toll, positive Aspekte im Leben bewusst wahrzunehmen und diese wert zu-schätzen. Aber manche Personen reden sich Dinge schön, die sie in Wirklichkeit nicht als zufriedenstellend empfinden. Das ist dann keine positive Einstellung, sondern eine Verdrängung. Ich glaube daran, die Dinge so zu sehen, wie sie sind: nicht besser und nicht schlechter. Viele Probleme resultieren daraus, dass wir Dinge zumindest zeitweise deutlich besser oder deutlich schlechter sehen, als diese im Endeffekt wirklich sind.

Prinzip 4 „Starten"

„Kritisiere immer den anderen, bevor dieser eine Chance hat, dich zu kritisieren. Das nennt man konstruktive Kritik."

Zum Thema „Starten eines Vorhabens" gibt es viele, Sprüche, z.B.: „Jede Reise beginnt mit dem ersten Schritt". Eine Situation aus einem Einzelcoaching: Ein Unternehmer hatte ein Unternehmen erfolgreich aufgebaut. Im zurückliegenden Jahr hatte  er intensiv daran gearbeitet, das Unternehmen weniger von seiner eigenen Person abhängig zu machen. Nun hatte er es geschafft, die eigene Wochenarbeitszeit auf ca. 30 Stunden zu reduzieren. Er wollte sich mit der neu gewonnenen Zeit wieder stärker anderen Lebensbereichen widmen. Unter anderem hatte er sich vorgenommen, wieder mehr Sport zu treiben. Ich fragte ihn, ob er denn in der Vergangenheit schon mal regelmäßig Sport gemacht hat. Er entgegnete, dass er bis zum Beginn seines Unternehmertums jeden Wochentag (und oft auch am Wochenende) zehn Kilometer gelaufen sei – direkt nach dem Aufstehen. Im Sinne eines Anknüpfens an vergangene Erfolge fragte ich ihn, ob er wieder mit dem Laufen anfangen wolle und was er sich vornehme. Er meinte, er sei ein „Ganz- oder Gar-nicht-Typ" und wolle ab sofort jeden Morgen wieder zehn Kilometer laufen – nach etwas mehr als einem Jahrzehnt Pause. Was glauben Sie, ist bis zur nächsten Coachingeinheit passiert? Nichts! Er ist nicht ein einziges Mal gelaufen. Stellen Sie sich vor, dass Ihr Gehirn, während Sie morgens noch im Bett liegen, eine Entscheidung treffen muss: Entweder aufstehen, nach draußen, es ist nass und kalt, zehn Kilometer laufen - eine lange Strecke für jemand Untrainiertes. Oder einfach liegenbleiben. Sie brauchen viel Selbstdisziplin, um sich zum Laufen zu motivieren. Da dies nicht funktioniert hat, haben wir die Strategie dann komplett auf den Kopf gestellt. Immer wieder das Gleiche zu tun, in der Hoffnung, dass beim nächsten Mal ein völlig anderes Ergebnis herauskommt, ist ja bekanntlich nicht besonders vielversprechend (auch wenn manche Menschen dies konsequent ignorieren). Ich habe ihm folgende zwei „Hausaufgaben" gegeben: Er solle jeden Morgen seine Schuhe anziehen und 100 Meter laufen. Wenn er Lust habe, könne er weiterlaufen. Wenn nicht, sei das auch in Ordnung. Was glauben Sie, was bis zur nächsten Coachingeinheit passiert ist? Sie liegen richtig: Er ist jeden Tag gelaufen. Ein paar Male nur die 100 Meter, aber meistens mehrere Kilometer. Hierauf konnten wir dann relativ leicht aufbauen. Entscheidend war, dass der Anfang gemacht worden war. Der Stein kam ins Rollen. Stellen Sie sich auch hier wieder vor, dass Ihr Gehirn eine Entscheidung treffen muss: Entweder aufstehen, Schuhe anziehen und 100 Meter laufen oder liegenbleiben. Sie brauchen immer noch ein gewisses Maß an Selbstdisziplin, aber wesentlich weniger als in der vorherigen Situation. Somit wird es deutlich leichter, eine neue Gewohnheit zu etablieren.

Eine Metapher, die mir in diesem Zusammenhang sehr gut gefällt, ist diejenige einer Lokomotive. Man braucht ein hohes Maß an Anstrengung, um die Lokomotive ins Rollen zu bringen. Aber wenn sie einmal rollt, ist es schwierig, diese aufzuhalten. Was kann aus dem obigen Coachingbeispiel gelernt werden? Gerade bei größeren Vorhaben – zu denen so gut wie jede Gewohnheits-änderung gehört – ist es ganz entscheidend, kleine erste Schritte zu definieren. Es sollten Schritte sein, die einfach sind, damit Sie keine Zweifel daran haben, diese erfolgreich umsetzen zu können. Damit fängt die sprichwörtliche Lokomotive an zu rollen.

Ich habe einmal eine beeindruckende Zahl zum Energieverbrauch einer Rakete gehört: Man braucht über 90 Prozent der Gesamtenergie für die ersten Minuten nach dem Start. Der wesentlich längere Teil der Reise verbraucht dann im Verhältnis extrem viel weniger Energie. Bei vielen Vorhaben ist es ähnlich. Wenn der erste (selbst sehr kleine) Schritt in Richtung Ziel-erreichung innerhalb von 48 Stunden umgesetzt wird, ist die Erfolgswahrscheinlichkeit extrem hoch. Bleibt die erste Umsetzungsaktivität in den ersten 48 Stunden nach der Entscheidung aus, ist die Erfolgswahrscheinlichkeit extrem gering.

Noch ein Tipp für Situationen, in denen Sie wissen, dass eine Aktivität sinnvoll wäre, aber Sie Startschwierig-keiten haben - selbst wenn die Aktivität einen Aufwand von vielen Stunden bedeutet: Definieren Sie sich einen lächerlich kleinen Anteil des Vorhabens und nehmen Sie sich vor, diesen sofort umzusetzen. Das fällt meistens nicht schwer. Was passiert dann? In den meisten Fällen macht man dann einfach weiter – ohne große Selbstüber-windung. Ein Beispiel hierzu: Ich habe mir vorgenommen, dieses Buch bis zu einem bestimmten Zeitpunkt zu Ende geschrieben zu haben. Nicht immer habe ich abends nach einem Seminartag im Hotel oder der Bahn den unbändigen Drang, weiter zu schreiben. Was mache ich? Ich nehme mir beispielsweise vor, fünf Minuten lang zu schreiben. Was passiert in den meisten Fällen? Sie können es sich denken: Es werden wesentlich mehr als fünf Minuten – ohne einen unangenehmen Kampf mit mir selbst.

Ein Kommentar am Rande – auch wenn es kein Kernthema für dieses Buch ist: Sowohl das Definieren kleiner erster Schritte als auch eine schnelle Umsetzung des ersten Schritts ist auch im Umgang mit anderen Personen von großer Bedeutung.

Ein ergänzender Gast-Tipp (von Martin Schanz, Wildhaus) für unliebsame Aufgaben: Kommunizieren Sie das unbeliebte Vorhaben an eine andere Person, inklusive der Deadline für diese Aufgabe. Dies sollte am besten eine Person sein, bei der es Ihnen unangenehm wäre, wenn Sie zugeben müssten, es nicht geschafft zu haben.

Prinzip 5 „Modellieren"

„Über Stressmanagement habe ich viel von meinen Kindern gelernt. Jede Nacht nach der Arbeit trinke ich so viel Kakao wie möglich, esse mit den Händen maximal zuckerhaltiges Müsli direkt aus der Verpackung und dann renne ich quietschend wie ein Affe in Unterwäsche durchs Haus. "

Was bedeutet Modellieren? Hochtrabend könnte man es nennen: das Modellieren von Spitzenleistungen. Weniger hochtrabend würde ich es umschreiben mit: „Lernen von anderen." Dies können Personen oder Organisation-  en sein, wenn diese in einem (Teil-)Bereich gute bzw. bessere Ergebnisse erzielen.

Denken Sie mal darüber nach: Gibt es wirklich viele Zustände, Dinge, Ergebnisse etc., die Sie haben wollen, die aber bisher niemand erreicht hat? Das würde mich sehr überraschen. Egal ob es um materielle Errungenschaften, Glücklichsein, Gesundheit, gute Beziehungen oder sehr spezifische Dinge wie Verhandlungsstärke, Schwimmen lernen oder Klavier spielen geht: Es gibt Personen, die dies schon exzellent beherrschen. Von diesen Personen kann man lernen. Der große Vorteil dieser Vorgehensweise ist, dass man nicht alle Wege, die nicht funktionieren, ausprobieren muss. Das hat – sofern es innerhalb gesetzlicher und moralischer Grundsätze liegt – nichts mit einem

Kopieren, Stehlen oder Wegnehmen zu tun, sondern ist ganz einfach ein zeitintelligentes Handeln.

Kann man in jeder Situation von anderen lernen, um Zeit und Frust einzusparen? Vielleicht nicht in jeder Situation, aber in fast jeder Situation. Selbst wenn Sie ein solch exotisches Ziel wie eine Reise auf den Mars in Angriff nehmen wollen, dann können Sie zumindest von Menschen lernen, die Mond- oder Weltraumerfahrung oder zumindest Flugerfahrung haben. Es gibt so gut wie immer zumindest Teilaspekte, bei denen Sie von anderen lernen können.

Sonderfrage für diejenigen, die auf ihrem Gebiet schon die Nr. 1 sind: Bringt es dann noch etwas, von anderen zu lernen? Man will sich ja schließlich nicht verschlechtern. Dann suchen Sie sich wiederum Teilaspekte, die andere besser können, oder bedienen Sie sich anderer Disziplinen, um hieraus Erkenntnisse zu gewinnen. Wenn jemand die Nr. 1 der Tennisweltrangliste ist, dann geht es dennoch permanent darum, sich zu verbessern. Stillstand ist Rückschritt – nicht nur im Profisport. Vielleicht gibt es eine Nummer 2, Nummer 20 oder Nummer 200 der Welt, die einen besseren Stoppball, Lob, Rückhand-Slice, Aufschlag, Beinarbeit oder Ähnliches hat. Zwar ist die Nr. 1 als Gesamtpaket die Nr. 1. Aber selten gilt dies für jede Teilkomponente wie einzelne Schläge und schon gar nicht, wenn man weitere Aspekte wie Schnellkraft, Ausdauer, Beweglichkeit, Ernährung und mentale Aspekte einbezieht.

Zwei praktische Beispiele zum Thema Modellieren aus dem Businessleben:

Angenommen, Sie wollen ein besserer Redner werden. Klar: Übung macht den Meister, vor allem, wenn Sie Dinge ausprobieren und die unterschiedliche Wirkung auf das Publikum beobachten und für die Zukunft nutzen. Aber auch hier hilft das Modellieren sehr weiter. Sie können sich gute Redner anschauen und daraus lernen, auch wenn diese über völlig andere Thematiken sprechen als Sie. Selbst wenn jemand ein mittelmäßiger oder mieser Redner ist, dann achten Sie auf Teilaspekte, die gut oder schlecht sind. Sie können sich natürlich über Rhetorikkurse Feedback von einem versierten Trainer (und oft auch den anderen Teilnehmern) holen. Sie können sich auch anderer Disziplinen bedienen, indem Sie beispielsweise die Performance von erfolgreichen Musikern oder bei Comedians das Timing des Humors beobachten oder ein gutes Stimmtraining besuchen.

Angenommen, Sie sind Verkäufer (sind wir nicht alle in bestimmten Situationen Verkäufer, wenn wir andere überzeugen möchten?). Verkaufen ist ein vielschichtiges Thema: Neben der Produktkenntnis gibt es meistens die Phasen Interessentenfindung, Bedürfniserfragung, Angebotsplatzierung, Cross-Selling, Up-Selling, Abschluss, Weiterempfehlungen und Folgegeschäft. Wenn Sie in jedem Bereich von einer Person lernen und das Gelernte anwenden, dann kann sich Ihr Verkaufserfolg schnell und dramatisch verbessern. Wussten Sie eigentlich, dass eine Verbesserung von jedem Bereich um nur zehn Prozent nicht „nur" zu 80 Prozent mehr Umsatz führt, sondern zu rund 124 Prozent (1,1 hoch 8)?

Vielleicht nennt man das dann den Zinseszinseffekt im Verkauf.

Wer eignet sich als Person oder Organisation, von der man lernen kann? Die Antwort ist einfach: Alle, die zumindest in einem Teilbereich bessere Ergebnisse erzielen als Sie bisher. Dies zu bewerten ist übrigens generell bei der Bewertung von Ratschlägen anderer Personen sehr wichtig: Schauen Sie, welche Ergebnisse diese Person beim Beratungsthema selbst erzielt und mit welcher Konstanz bzw. Tendenz. In vielen Situationen gibt es Personen innerhalb der gleichen Abteilung oder innerhalb des gleichen Unternehmens, von denen man lernen kann. Schauen Sie aber auch auf Mitbewerber. Hierbei geht es nicht um das Kopieren, sondern um das Lernen! Aber wissen Sie, wo Sie oft die wirksamsten Strategien finden? In anderen Branchen! Innerhalb einer Branche versucht jeder (bei nahezu identischer Vorgehensweise) ein kleines bisschen besser zu sein als der andere. Oft gibt es in anderen Branchen für ähnlich gelagerte Probleme erheblich bessere Lösungen. Sie können beispielsweise dieselben Vertriebskanäle nutzen wie die Mitbewerber und versuchen, ein bisschen besser zu sein. Sie können aber auch nach völlig neuen Wegen suchen. Die Wahrscheinlichkeit, mit einem solchen völlig neuen Weg einen Durchbruch zu schaffen, ist erheblich höher.

Prinzip 6 „Vogelperspektive"

„Meine Mitarbeiter sind gerade bei einem 5-Tages-Stressmanagement-Training. Ich fühle mich schon erheblich entspannter."

Beim Konzept der Vogelperspektive geht es darum, dass man den Wald vor lauter Bäumen trotzdem sieht. Dies gilt für die eigene Planung, für Problemlösungen und den Umgang mit anderen Menschen. Ein Beispiel: Wenn die Diskussion in  einem Meeting zu weit ins Detail abdriftet, dann ist viel an Effektivität gewonnen, wenn auch nur eine einzige Person die Souveränität besitzt, eine Frage zu stellen wie: Wo steuern wir hin oder was wollen wir bewirken oder was soll am Ende rauskommen? Diese Fragen verändern die Perspektive: weg vom Detail und hin zur Vogel-perspektive.

Wer sich das Konzept der Vogelperspektive zu einer Denkgewohnheit macht, ist oft der einzige, der die Übersicht behält. Das ist ein unschätzbarer Vorteil für alle Beteiligten und die Sache, in der man Fortschritte erzielen möchte. Auch für die eigene Produktivität ist es deutlich von Vorteil, wenn man sich ab und zu Fragen stellt wie: Was ist hierbei wirklich entscheidend? Verstricke ich mich gerade unnötig im Detail? Worauf kommt es wirklich an?

Prinzip 7 „Messen und Anpassen"

„Als neuer Vorstandschef und Turnaround-Experte tue ich alles, um das Unternehmen zu retten. Als Erstes: Drehen Sie alle sofort Ihren Schreibtisch um 180 Grad."

Das vorherige Konzept (der Vogelperspektive) ist eine hervorragende Voraussetzung für das Prinzip des „Messens und Anpassens". Angenommen, Sie wollen ein bestimmtes Resultat erzielen, aber der bisherige Weg dorthin funktioniert nicht oder zumindest nicht in zufriedenstellender Weise. Was soll man dann machen? Natürlich soll man die Vorgehensweise anpassen. Viele Menschen meinen, dass die Anpassung so  aussehen sollte, dass man nach dem Abprallen von einer Mauer erneut Anlauf nimmt und mit etwas höherem Tempo wieder gegen dieselbe Mauer rennt. Weit verbreitet ist auch die Annahme, dass ein Argument richtiger oder die Überzeugungskraft höher wird, wenn man denselben Inhalt mit einer höheren Lautstärke artikuliert. Beides ist in den meisten Fällen nicht besonders klug. Manche wundern sich sogar, dass sie mit derselben Strategie auch immer in etwa dasselbe Ergebnis erzielen. Ganz besonders spannend ist dies im schon angesprochenen kommunikativen Bereich. Ich gebe Ihnen ein Beispiel: Einmal kam nach einem Vortrag jemand zu mir und sagte: „Herr Davis, vielleicht haben Sie ja auch einen Tipp im kommunikativen Bereich. Ich verstehe meinen Sohn einfach nicht, er hört mir nicht zu." Dann habe ich das wiedergegeben und gesagt: „Moment, nur damit ich es richtig verstehe. Sie verstehen Ihren Sohn nicht, der hört Ihnen nicht richtig zu." Dann sagte er: „Ja, das habe ich doch gerade gesagt, warum wiederholen Sie das? Wahrscheinlich wollen Sie mir irgendetwas damit sagen." Ich sagte: „Ich dachte, man müsse, um jemanden zu verstehen, selbst zuhören". Er: „Hmmm, muss ich mal drüber nachdenken".

Zum Thema „Messen und Anpassen" ein Beispiel aus einem ganz anderen Bereich: Ein Internetmarketing-experte aus den USA erzielt mit eigenen Produkt-verkäufen rund eine Million Dollar Umsatz pro Monat. Da er fast ausschließlich „Informationen" in Form von E-Books, Ratgebern, CDs etc. verkauft, ist die Gewinn-spanne sehr hoch. Er ist also finanziell sehr erfolgreich. Als ich ein Interview mit ihm hörte, horchte ich auf, als er sagte, dass er am Anfang stehe und jeden Tag Dinge teste, um diese zu verbessern. Permanent verändert er kleinere oder größere Elemente: die Produktabbildung, die Überschrift, die Kundenstimmen, die farbliche Gestaltung, den Preis, die Bonusprodukte etc. Dann wartet er, bis er eindeutige Rückschlüsse aus dieser Veränderung ziehen kann, und entscheidet entsprechend, ob die Veränderung beibehalten werden sollte oder nicht. Dann verändert er wieder eine Komponente, prüft die Ergebnisse usw. Mit Geduld und Konsequenz verbessert er so seine ohnehin schon sehr guten Ergebnisse immer weiter.

Prinzip 8 „Entwicklung"

„Ich habe ihr Angebot noch nicht gelesen, aber ich habe einige gute Verbesserungsvorschläge. "

Meiner Beobachtung nach zeichnen sich hochproduktive Menschen unter anderem dadurch aus, dass diese es sich zur Gewohnheit gemacht haben, permanent (nicht unbedingt krampfhaft, aber stetig) nach Verbesserungen zu suchen – bei sich selbst, bei Prozessen und in der Zusammenarbeit mit anderen Personen und Einheiten. Stetige  Verbesserungen bringen zwei wichtige Vorteile mit sich: zum einen verbesserte Ergebnisse und zum anderen eine höhere Zufriedenheit. Kein Mensch ist mit längerem Stillstand dauerhaft wirklich zufrieden. Das ist vollkommen natürlich. In der Natur gibt es keinen Stillstand. Alles ist in Bewegung. Alles verändert sich. Wenn nicht, dann ist es tot. Menschen, die nicht das Gefühl haben, dass sich Dinge in ihrem Leben vorwärtsbewegen, fühlen sich oft ähnlich leblos.

Weiterentwicklung kann bedeuten, dass man nach einer kleinen Verbesserung sucht, dass man etwas Fachliches dazulernt, eine Fremdsprache erlernt oder verbessert, an seiner Gesundheit arbeitet, Beziehungen verbessert, mehr Umsatz macht, mehr Freizeit hat usw.

Was ist die Voraussetzung für eine permanente Weiterentwicklung? Der Erfolgsfaktor Wille, aber auch die

Bereitschaft, sich selbst und möglicherweise auch anderen einzugestehen, dass der aktuelle Zustand noch nicht dem Optimalzustand entspricht. Für viele Menschen ist Letzteres kein Hinderungsgrund, für manche jedoch schon.

Schade finde ich es persönlich, wenn Menschen zwar stets an Verbesserungen arbeiten, diese auch erzielen, dann aber den Fortschritt selbst nicht bewusst wahrnehmen. Das ist ein bisschen wie beim Verwandtschaftsbesuch. Die Verwandten stellen jedes Mal erstaunt fest, wie groß die Kinder geworden sind. Als Elternteil nimmt man dies oft nicht so intensiv war, weil die Entwicklung allmählich geschieht. Schade, wenn man die Entwicklung nicht bewusst wahrnimmt. In anderen Entwicklungs- bzw. Fortschrittsbereichen ist dies auch schade. Es gibt mehrere Möglichkeiten, dies zu verhindern: Dankbarkeit, Bewusstmachen und Schriftlichkeit. Die kreative Umsetzung ist Ihnen überlassen.

Von den acht Prinzipien wechseln wir nun (natürlich erst nach Ihren Notizen zur Umsetzung) wieder zu weiteren Zeitspar-Tipps.

Das setze ich um (8 Prinzipien):

Tipp 11: 2 Uhren – doppelt so viel Zeit!?

„Bevor wir mit unserem Zeitmanagementseminar beginnen: Hat jeder eine von diesen neuen 36-Stunden-Armbanduhren erhalten?"

Zwei Uhren, doppelt so viel Zeit! Ganz so einfach ist die Formel leider nicht. Was hat es mit einer zweiten Uhr auf sich? Lange Zeit hatte ich zusätzlich zu einer Wanduhr eine zweite Uhr an meinen Schreibtisch geklemmt. Diese hatte nur eine Funktion: Sie hat stündlich gepiepst. Was bringt das? Das Piepsen alleine bringt nichts. Für  mich war es aber das stündliche Signal, mich kurz zu fragen: Wo steuere ich gerade hin? Verstricke ich mich gerade im Detail? Das war für mich in dieser Phase meines Berufslebens ein „Thema, an dem ich arbeiten wollte". Die zweite Uhr steht also symbolisch für etwas, das Sie ändern wollen. Das Symbol erinnert Sie daran und macht Ihnen die Änderung leichter. Dies gilt sowohl für Zeitmanagement- als auch andere angestrebte Gewohnheitsänderungen.

Zwei Praxisbeispiele zu Gewohnheitsänderungen:

Mich schrieb mal eine ehemalige Seminarteilnehmerin (sinngemäß) an mit: Lieber Herr Davis, neulich war ich zufällig in einem 1-Euro-Shop (Anmerkung: Nichts gegen solche Läden, aber wie gelangt man zufällig dort hinein?) und habe dort einen Plastikfrosch gesehen und gekauft. Seither steht dieser auf meinem Schreibtisch und erinnert mich täglich daran, die Kröte zu schlucken im Sinne von „mit den großen Brocken bzw. Aufgaben anzufangen".

Eine Führungskraft auf mittlerer Ebene war im Einzelcoaching. Er hatte aus seinem Umfeld die Rückmeldung erhalten, dass er sehr gut in der Lage sei, Kritik deutlich zu formulieren, aber Lob und Anerkennung Fremdwörter für ihn seien. Seine Auffassung bis dahin lautete: Nicht getadelt ist gelobt genug (gehört habe ich an anderer Stelle mal den Ausspruch „Ihr Gehalt ist Anerkennung genug"). Er wollte hieran etwas ändern. Eine kleine Unterstützung kann auch hierbei Wunder bewirken. Wir vereinbarten, dass er zum Tagesbeginn drei Münzen in seine linke Hosentasche steckt und bei jedem aufrichtigen, ehrlich gemeinten anerkennenden Hinweis eine Münze von der linken in die rechte Hosentasche steckt. Sie wissen schon: Wenn sich gegen Ende des Tages noch Münzen in seiner linken Hosentasche befanden, war es höchste Zeit ... Gerüchten zufolge hat sich auch die Beziehung zu seiner Frau - nach anfänglicher Skepsis, was denn nach all den Jahren in ihn gefahren sei – deutlich verbessert.

Warum betone ich das Thema Gewohnheitsänderungen so sehr? Hierfür gibt es zwei Gründe:

1) Ihre Zeitverwendung ist primär das Ergebnis von Denk- und Handlungsgewohnheiten. Wenn wir hier also besser werden wollen, dann müssen wir an das Thema Gewohnheitsänderungen heran.

2) Gewohnheitsänderungen sind ein paradoxes Phänomen: Schlechte Gewohnheiten (welche auch immer dies sein mögen) sind relativ leicht anzugewöhnen, aber es lebt sich schwerer damit. Gute Gewohnheiten (welche auch immer das sein mögen) sind oft relativ schwer anzugewöhnen, aber es lebt sich deutlich leichter damit.

Was ist die Essenz aus diesem Tipp? Definieren Sie in einem ersten Schritt, was Sie in Sachen Zeitverwendung ändern bzw. verbessern möchten. Im zweiten Schritt suchen Sie sich etwas, das Sie daran erinnert, und platzieren Sie es an einer Stelle (Schreibtisch, Portemonnaie, Handydisplay, Auto), an der Sie es in einer sinnvollen Regelmäßigkeit wahrnehmen.

Tipp 12: Schlau Reisen

„Die da oben meinen es wirklich ernst mit dem Streichen der Geschäftsreisen – die haben auch schon die Räder von allen Sesseln abmontiert. "

Dieser Tipp wird für unterschiedliche Leser unterschiedlich relevant sein. Wenn Sie nicht viel reisen, dann überspringen Sie diese Passage.

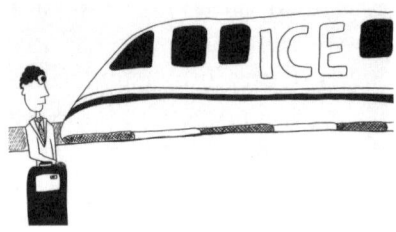

Vermutlich könnte ich ein ganzes Buch mit kleineren und größeren Empfehlungen zum geschäftlichen Reisen schreiben. Beschränken wir uns hier aber auf ein paar wesentliche Aspekte: Ich bin oft überrascht, wie wenig (sonst durchaus sehr produktive) Menschen sich Gedanken über die Optimierung ihrer eigenen Logistik machen. Ein paar klassische Beispiele hierzu:

1) Jemand reist von München nach Hamburg und zwei Wochen später von München nach Bremen. Natürlich lassen sich Termine nicht immer kombinieren. Aber es ist erstaunlich, wie oft es einfach nur deshalb nicht passiert, weil derjenige gar nicht darüber nachgedacht hat.

2) Häufig bekomme ich Aussagen wie: Mit der Bahn dauert es 40 Minuten statt 30 Minuten oder vier statt dreieinhalb Stunden, also fahre ich mit dem Auto. Natürlich hat jedes Verkehrsmittel Vor- und Nachteile. Dies soll auch kein Plädoyer für

die Bahn und gegen andere Verkehrsmittel sein. Aber die korrektere Rechnung in Sachen Zeitersparnis lautet meiner Ansicht nach: Wie lange dauert es von A nach B, abzüglich der produktiv nutzbaren Zeit. Der Anteil der produktiv nutzbaren Zeit ist in der Bahn in der Regel am höchsten, im Vergleich zum Auto oder dem Flieger. Es ist ein reiner Zufall, aber gerade heute – an dem Tag, an dem ich diese Zeilen (in einem ICE sitzend) schreibe – habe ich einen Mitarbeiter gebeten, eine Bahncard 100 zu kaufen, mit welcher man unbegrenzt Bahn fahren kann. Warum? Zum einen rechnet es sich betriebswirtschaftlich für uns. Zum anderen habe ich mir selbst einen weiteren Anreiz verschaffen wollen, weniger Zeit in weniger produktiven Verkehrsmitteln zu verbringen (auch wenn es nur einen Bruchteil der 86 Flüge im letzten Jahr ersetzen wird).

Noch ein paar ganz kleine Reise-Tipps:

1) Lassen Sie sich möglichst ein Hotelzimmer am Ende des Ganges geben. Glauben Sie mir: Nicht nur hören Sie weniger vom Aufzug und Treppenhaus. Es kommen auch erheblich weniger Menschen nachts an Ihrer Zimmertür vorbei.

2) Nutzen Sie zeitsparende Applikationen für Ihr Smartphone. Die Fluggesellschaften, die Bahn, die Mietwagenanbieter haben eigene kleine Anwendungen, die Vielreisenden das Leben ein

wenig vereinfachen. Ein Geheimtipp für Ge-
schäftsreisende ist die Applikation „Worldmate".

Tipp 13: Der aufgabenspezifische Gut-genug-Punkt

„Herr Doktor, ich lerne zu entspannen, aber ich möchte besser und schneller entspannen! Ich will in Sachen Entspannung zur absoluten Weltelite gehören."

Die Empfehlung lautet: Definieren Sie den aufgabenspezifischen „Gut-genug-Punkt"! Folgende Beobachtung: Die meisten Menschen haben entweder 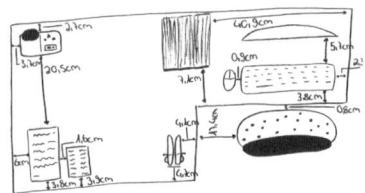 einen Hang zum Perfektionismus oder einen Hang zur Oberflächlichkeit. Der Vorteil des Perfektionismus: hohe Qualität. Der Nachteil des Perfektionismus: Es dauert oft unnötig lange. Der Vorteil der Oberflächlichkeit: Es geht schnell. Der Nachteil: Es muss oft nachgebessert werden (von Ihnen oder jemand anderem).

Wann ist die maximal mögliche (oder zumindest nahezu maximal mögliche) Qualität ein sinnvolles Ziel? Beispielsweise, wenn es um Sicherheit geht. Ich bin sehr dankbar darum, dass ein Kunde von mir, der Flugzeug-triebwerke produziert, sich nicht damit zufrieden gibt, wenn 90 Prozent aller Schaufeln (das sind die Dinger, die Sie vorne am Triebwerk sehen können und sich im Betrieb drehen) in Ordnung sind.

Auch in Wettbewerbssituationen ist ein hoher Anspruch im Regelfall sinnvoll. Stellen Sie sich zwei Menschen in der Wildnis vor: Beide haben beim Spazierengehen ihre Schuhe ausgezogen. Dann dreht sich einer von beiden um und entdeckt in ein paar hundert Metern Entfernung einen Bären: groß, stark, bedrohlich. Dieser läuft auf sie zu und hat sie offensichtlich als Ziel. Der eine kniet sich hin und zieht schnell seine Turnschuhe an. Darauf der andere: „Bist Du völlig bescheuert? Meinst Du, dass Du mit den Schuhen auf einmal schneller als der Bär bist?" Daraufhin der andere: „Nein, aber schneller als Du!" In Wettbewerbssituationen ist die sprichwörtliche Nasenlänge oft entscheidend. Schließlich ist der zweite Platz genauso hilfreich wie der fünfte Platz. Beide bedeuten im Ergebnis keinen Auftrag.

Wann ist „gut" auch „gut genug"? Abstrakt formuliert: Immer, wenn der zusätzliche Nutzen in einer schlechten Relation zum Zusatzaufwand steht. Ökonomen sprechen in diesem Zusammenhang vom sog. Grenznutzen. Jeder kennt solche Situationen, in denen es jemand mit der Detailverliebtheit und der Überschätzung der Bedeutung eines Aspektes gut meint, aber übertreibt. Kennen Sie das? Jemand investiert eine Stunde, damit der Inhalt einer Präsentation vor einem internen Team inhaltlich gut ist und die Powerpoint Präsentation herzeigbar aussieht. Dann verwendet die Person noch mal eine volle Stunde darauf, dass die einzelnen Überschriften von rechts oben drehenderweise, mit einem Sound hinterlegt, einschweben. Vielleicht kennen Sie auch Situationen, in denen eine statistische Auswertung bis auf die Nachkommastelle ausgerechnet wird, obwohl man eigentlich wissen müsste, dass die Annahmen schon Ungenauigkeiten aufweisen. Der Grenznutzen liegt also genau-genommen bei „Null".

Ich habe durch meine Tätigkeit als Trainer und Coach die Gelegenheit, in bestimmten Branchen Tendenzen zu beobachten. Natürlich sehe ich immer nur Ausschnitte und jede Tendenz ist eine Verallgemeinerung, bei der es zahlreiche Ausnahmen gibt. Was ich aber beobachte ist, dass der Hang zum Perfektionismus dann höher ist, wenn das Unternehmen Produkte vertreibt, bei denen der Qualitätsanspruch enorm hoch ist. Dann ist bei vielen Aspekten der hohe Anspruch auch sinnvoll. Aber gleichzeitig ist die Gefahr umso größer, diese Denke (unbewusst) auch auf andere Bereiche zu übertragen, bei denen gut eben auch gut genug ist.

Entscheidend ist beim Thema „gut genug", dass Sie sich selbst beobachten und einschätzen. Fragen Sie sich einfach vor dem Beginn einer Aufgabe, welches An-spruchsniveau für dieses Thema wirklich sinnvoll ist. Dann streben Sie dieses an – nicht mehr und nicht weniger.

Tipp 14: Lesen und lesen lassen

„Sortieren Sie alle eintreffenden Informationen in eine von zwei Kategorien: 1) An Sekretariat 2) An Chef"

Auch das Lesen kann in Teilen delegiert bzw. aufgeteilt werden. Selbst wenn Sie keine Führungsverantwortung haben sollten, gibt es vermutlich für Sie einige Texte (bspw. manche regelmäßige Rundschreiben), bei denen es nicht  notwendig ist, dass jeder das ganze Ding liest. Vielleicht geben Sie es einer Person in der Abteilung. Diese liest es dann und informiert die anderen Personen, welche zwei oder drei Dinge für die Abteilung wirklich von Bedeutung sind.

Häufig bekomme ich, speziell in meinen Schnelllese-Seminaren, zu hören, dass Teilnehmer gerne ein gutes Sachbuch pro Monat lesen würden, um sich weiter zu bilden und neue Ideen zu entwickeln. Meistens heißt es dann, man habe die Zeit nicht. Eine von vielen möglichen Lösungen besteht darin, Services zu nutzen, die Bücher zusammenfassen. Shortbooks bspw. fasst drei Businessbücher pro Monat auf acht Seiten zusammen – ziemlich gut, wie ich finde (mehr Infos hierzu unter www.peoplebuilding.de/shortbooks). Es ist erstaunlich, wie wenig dabei verloren geht. Wenn man sich die Kosten mit einem oder mehreren Kollegen teilt, dann sind diese pro Person nicht sonderlich hoch.

Unabhängig davon, ob Sie einen solchen Service nutzen oder nicht: Sie können Ihre Leseeffizienz optimieren. Kommen Sie doch mal auf ein offenes Seminar, zu einem Vortrag oder lassen sich das Multimediaset PoweReading-Automatic-Trainer zuschicken. Das war mein „Wink mit dem Zaunpfahl" bezüglich einer möglichen Fortsetzung unserer gemeinsamen Reise.

Tipp 15: Ersetzbarkeit sicherstellen

„Wir haben in Fernost jemanden gefunden, der den ganzen Tag Kaffee trinken und dabei über Fußball reden kann – und das für einen Bruchteil Ihres Gehalts."

Ein oft schwieriges Thema: die Ersetzbarkeit. Immer noch erstaunlich weit verbreitet ist die Befürchtung: Wenn ich eine andere Person befähige, einen Teil meines Jobs zu erledigen, dann werde ich nicht mehr gebraucht. Diese Sorge ist einerseits ver-  ständlich. Andererseits ist fast jedem, der die Thematik mit ein wenig Abstand betrachtet, klar, dass man hierdurch selten nicht mehr gebraucht wird. In den Jahren meiner Seminartätigkeit habe ich erst einmal gehört, dass jemand sich selbst (in diesem Fall durch das Schreiben eines Programms) zu über 90 Prozent wegrationalisiert hat. Ich kann Sie aber beruhigen: Er hat danach in Bezug auf seine Karriere keinen Schritt nach hinten machen müssen. Böse Zungen behaupten, dass er jetzt professionell andere Personen wegrationalisiert.

Welche Vorteile entstehen, wenn man tatsächlich Teilbereiche so organisiert, dass man an verschiedenen Stellen hierfür nicht mehr gebraucht wird? Man wird frei für andere Dinge. Nicht um mehr „Däumchen zu drehen", sondern um mehr Zeit in noch wichtigere Dinge zu investieren. Oft wird man dadurch eher unentbehrlicher für die Organisation, weil man einen höheren Wertschöpfungsbeitrag leistet. Übrigens ist es in vielen Fällen eine gutbezahlte Fähigkeit, andere Menschen zu befähigen, Dinge zu tun, die diese vorher noch nicht konnten. Unternehmen brauchen Menschen, die Wissen und Fähigkeiten personenunabhängiger machen. Das bringt die oft dringend benötigte Flexibilität bzw. geringere Abhängigkeit von einzelnen Personen, die ausfallen könnten.

Tipp 16: Telefon als Effizienzwerkzeug nutzen

„Wenn Sie nichts kaufen wollen, dann drücken Sie die 1 und Sie werden sofort verbunden. Wenn Sie etwas kaufen wollen, dann wählen Sie 0190-555555 und warten maximal 30 Minuten oder kaufen bei der Konkurrenz."

Das Telefon ist ein tolles Zeitspar-Instrument, wenn man souverän damit umgeht.

Meine erste, sehr grundlegende Empfehlung hierzu lautet: Notieren Sie die Punkte, die Sie mit der anderen Person besprechen möchten, vorher stichwortartig. Welche Vorteile hat das? Natürlich zum einen denjenigen, dass Sie die Punkte nicht vergessen. Vielleicht kennen Sie das: Sie wollten drei Punkte ansprechen, zwei davon haben Sie angesprochen und der dritte Punkt fällt Ihnen nicht ein. Wann fällt er einem ein? In dem Moment, in dem man aufgelegt hat. Sie kennen sicher Menschen, denen dies schon mal passiert ist. Der andere, nicht so offensicht-

liche, Vorteil des Notierens der zu besprechenden Punkte liegt darin, dass man im Schnitt schneller wieder auf die Hauptstraße zurückfindet, wenn man sich im Gespräch auf die Nebenstraße oder gar auf den kaum noch erkennbaren Trampelpfad verirrt hat.

Ich empfehle – zumindest für die Personen, mit denen man einigermaßen regelmäßig zu tun hat – die zu besprechenden Punkte nach Möglichkeit eine Weile zu sammeln. Dies hat nicht nur den Vorteil der Bündelung, sondern auch den Vorzug, dass Sie sich oft das erfolglose Wählen ersparen. Warum? Stellen Sie sich vor, Sie haben vor, Ihren Kontakt in der nächsten Woche am Mittwoch anzurufen. Schon am Dienstag erhalten Sie einen Anruf von dieser Person. Dann können Sie die verbleibenden Punkte gleich in diesem Telefonat besprechen. Ein Tipp hierzu: Sammeln Sie diese Punkte an einem Ort, der schnell findbar ist und auf den leicht zugegriffen werden kann, beispielsweise im Kommentarfeld Ihres Adressbuchs. Wenn man ein persönliches Adressbuch (in Out-look, Lotus Notes etc.) hat, funktioniert dies wunderbar. Wenn man – im Vertrieb bei Banken bspw. oft üblich – ein zentrales Adressbuch mit anderen Personen teilt, braucht man meistens einen anderen Ort hierfür.

Erstaunlich wenige Menschen nutzen regelmäßig Telefontermine. Was ist der Unterschied zwischen einem Termin und einem Telefontermin? Der Telefontermin ist am Telefon! Was ist der Unterschied zwischen einem sonstigen Telefonat und einem Telefontermin? Der Telefontermin ist mit einem Termin versehen. Soweit das Definitorische. Welche Vorteile hat ein Telefontermin gegenüber einem sonstigen Telefonat? Beim Telefon-termin ist der Angerufene in der Regel erreichbar (meine Erfahrung: über 90 % gegenüber sonst vielleicht 30 % Erfolgsquote). Beim Telefontermin hat der Angerufene die Gelegenheit sich vorzubereiten und macht dies häufig auch. Ein weiterer Vorteil ist, dass Sie mit festen Telefonterminen Zeit für wichtige Dinge blocken statt diese Zeit möglicherweise rein reaktiv zu verwenden.

Ein verwandtes Thema ist das Thema Videokonferenzen. Dies macht meistens nur Sinn, wenn es häufige Kontakte über größere Distanzen gibt und man hiermit manche Reisen einspart. Natürlich haben Sie diese Option nur, wenn in die entsprechende Technik investiert wurde oder Sie die Möglichkeit haben, ein Programm wie Skype zu nutzen. Ich hatte mal ein Seminar bei einer Anwalts-kanzlei, bei der der Seniorpartner nach Kanada ausge-wandert ist und regelmäßig per Hightech virtuell nach Deutschland kommt. An meinem Seminar für die Kanzlei (in Deutschland) wollten er und seine Frau teilnehmen.

Sie saßen virtuell in der klassischen U-Form eines Seminars in unserer Runde. Nur die Lacher waren ganz leicht zeitverzögert.

Tipp 17: Top organisiert bei Ablage und Posteingang

„Ich bin der Ordnungszauberer. Oh, warten Sie: Ich brauche in Ihrem Fall einen größeren Zauberstab. "

Die beste Empfehlung, die ich Ihnen in Bezug auf das Thema Ablage geben kann, lautet: Definieren Sie ein Ordnungssystem, das  für Sie (und andere Personen, falls relevant) Sinn macht und ziehen Sie dieses System möglichst konsequent überall durch. Ich habe an vielen Stellen dasselbe Ordnungssystem, das aus fünf Kategorien besteht: in meinem E-Maileingang, in meiner persönlichen Planungstabelle, auf unserem Server etc.

Hier ist im Rahmen eines Gastbeitrags unseres „Effektiver am PC-Experten" Berthold Glass noch ein Beispiel für eine Kategorisierung, die für viele Seminarteilnehmer gut funktioniert:

1_Firma: Alles, die eigene Firma betreffend

2_Projekte: Alles, die Kundenprojekte betreffend

3_Finanzen: Bank, Buchhaltung, Steuern

4_Kontakte: Alle Kontakte, die nicht Kundenprojekte betreffen (Interessenten, Zulieferer, Institutionen ...)

5_News: Newsletter, Lesenswertes

6_Termine: E-Mails, die sonst nicht zuzuordnen sind, aber an bestimmte Termine gekoppelt sind (z.B. Einladungen zu Veranstaltungen)

7_Privat: Private Dateien

8_Wissensbasis: Alles der Kategorie „Wie geht was" (Ihr „Know-how"-Speicher)

9_Archiv: Alles, was nicht mehr aktuell ist, aber aufgehoben werden soll (auch Backups)

Dies ist lediglich eine Art und Weise, die eigenen Daten zu ordnen. Selbstverständlich können Sie sich Ihre eigene Ordnerstruktur schaffen, wie sie Ihrer Arbeit am besten entspricht. Warum nummerieren? Die Nummerierung von 1-9 empfiehlt sich, da die Sortierung dann nicht alphabetisch erfolgt (nach dem zufälligen Namen des Verzeichnisses/Ordners), sondern in der von Ihnen gewünschten und festgelegten Reihenfolge. Ende des Gastbeitrags.

Manchmal macht es Sinn, zusätzlich mit Farben zu arbeiten. Nicht, weil das Bunte per se ein Vorteil ist, sondern weil Farben ein natürliches Ordnungssystem sind. Wenn Sie bspw. alle Finanzunterlagen in blauen Ordnern abheften, dann finden Sie diese unter Dutzenden Ordnern mit unterschiedlichen Farben schneller wieder. Sie können auch Ihren elektronischen Kalender mit Farben versehen, indem Sie Kategorien definieren und jedem Termin eine Kategorie zuordnen. Wenn Sie die einzelne Kategorienzuordnung mit Tastenkürzel ausführen, sind Sie sogar relativ schnell darin. Ich persönlich habe mein Kalenderprogramm (Outlook) so eingestellt, dass ein Termin automatisch eine bestimmte Farbe erhält, wenn ein bestimmtes Wort im Betreff enthalten ist. Seminare und Vorträge werden hierdurch automatisch grün, Bahnfahrten orange, Flüge rot, Hotelübernachtungen violett und Autofahrten schwarz. Dahinter steckt keine ausgeklügelte Farbpsychologie. Es geht einfach – unter anderem bei der Wochenplanung – darum, schnell zu sehen, wie viel Zeit ich bspw. in einer Woche in einer Bahn bin und ob für einen Abend eine Hotelübernachtung gebucht ist oder nicht.

Ein paar Tipps zum E-Mailpostfach: Nutzen Sie die Möglichkeit, Unterordner und Regeln zu definieren. Bei der Anzahl der Unterordner sollte man es nicht übertreiben. Wenn Sie 50 Unterordner haben, dann geht der Hauptvorteil – nämlich die bessere Übersicht – wieder verloren. Fünf bis ca. zehn Unterordner (und eventuell eine weitere Ebene darunter) sind für die meisten Menschen im beruflichen Alltag praktikabel und zeitsparend. Generell empfiehlt es sich, nur so viele Ordner und Unterordner einzurichten, dass Sie alle (relevanten) Unterordner sehen können, wenn alle Ebenen voll aufgeklappt sind. Sonst besteht die Gefahr, dass Sie neue E-Mails in Unterordnern haben und dies nicht mitbekommen.

Welche Regeln kann man definieren? In den gängigen E-Mailprogrammen können Sie Ihre E-Mails nach Absender, Absenderkreisen, Wörtern im Betreff, Wörtern in der Email, nach Empfänger, nach Wichtigkeit etc. differenzieren. Für die meisten User ist die Unterscheidung nach Absendern die brauchbarste Hilfestellung. So landen alle E-Mails von einer Person (oder alle E-Mails vom selben Unternehmen) in einem Ordner. Sie können auch alle E-Mails vom Chef oder Vorstand in einen Ordner lenken und diejenigen von Mitarbeitern in Ihrem Team in einen anderen Ordner. Wenn Sie selbst verschiedene E-Mailadressen haben (eine private, eine für enge berufliche Kontakte, eine für Jedermann), dann können Sie hiernach differenzieren. Hilfreich ist es für viel Menschen, die „cc-E-Mails" in einem bestimmten Ordner laufen zu lassen. Bei manchen ist dieser Ordner der Papierkorb – was ich aber nicht generell empfehlen würde. Sie können E-Mails, die mit dem Vermerk „Wichtigkeit hoch" versehen sind, in einen bestimmten Ordner laufen lassen. Ich persönlich mache das nicht, weil absendende Menschen höchst unterschiedliche Maßstäbe hierfür ansetzen und ich selbst bewerten möchte, welche Wichtigkeit etwas für mich hat.

Welche Vorteile haben Regeln? Sie gewinnen eine bessere Übersicht. Stellen Sie sich vor, Sie waren eine Weile abwesend und haben in der Zwischenzeit 50 neue E-Mails erhalten. Wenn davon die meisten aufgrund der definierten Regeln automatisch in Ordner einsortiert wurden, dann können Sie E-Mails, die thematisch zusammengehören (bspw. weil vom selben Absender), auch zusammen bearbeiten. Sie werden vermutlich auch feststellen, dass für unterschiedliche Ordner auch unterschiedliche Bearbeitungsintervalle sinnvoll sind. Beispielsweise schaue ich in meinen Ordner „Finanzen" nicht so oft rein wie in viele andere Ordner. Noch unregelmäßiger schaue ich in einen Unterordner, in dem sich abonnierte Newsletter befinden. Nicht, dass ich Letztere für völlig unwichtig halte (dann würde ich sie abbestellen), sondern weil ich mir lieber einmal im Monat eine Stunde nehme und mich dann „gesammelt" weiterbilde.

Anbei noch drei weitere Tipps zum Thema E-Mail von unserem PC-Experten Berthold Glass:

1) Eindeutiger Betreff: Der Empfänger sollte schon im Betreff – ohne die E-Mail öffnen zu müssen – erkennen, worum es geht. Also z.B. statt dem Betreffs „Projekt XY - kleine Frage hierzu" besser: „Projekt XY: Termin morgen 10 Uhr beim Kunden OK? "

2) 1 E-Mail = 1 Thema! Sonst kann man es nicht eindeutig erledigen. Manchmal bekomme ich in einer einzigen E-Mail drei Themen, z.B.: - „Hast Du eigentlich dem Kunden A schon die Unter-

lagen geschickt? Und wie sieht es eigentlich mit Interessent B aus, hat der sich schon gerührt? Ach und übrigens: Die Kalkulation XY müsste auch noch gemacht werden." Das Problem dabei ist: Wenn ich auch nur einen dieser 3 Punkte nicht beantworten kann, habe ich diese E-Mail für lange Zeit in meinem Posteingangs- oder ToDo-Ordner, bis ich auch noch die letzte Frage beantwortet habe. Mein Tipp: Machen Sie 3 E-Mails daraus! Für manche Leute wird es so aussehen, als ob sich die E-Mail-Flut dadurch erhöht. Ist dies wirklich so? Der Informations-gehalt bleibt der gleiche, aber es wird viel einfacher, wenn Sie sich jeweils auf eine Sache konzentrieren können und zumindest zwei dieser Mails in den „Erledigt"-Ordner verschieben können.

3) Klare Aussagen: Häufig werden E-Mails zu schwammig formuliert, z.B.: „Vielleicht könnten wir X oder Y machen". Der Empfänger weiß dann nicht, was Sache ist. Besser stattdessen: „Ich schlage vor: Lass uns X machen. Wenn ich bis xx.xx. nichts Gegenteiliges von Dir höre, gehe ich davon aus, dass X für Dich auch OK ist. Falls Du lieber Y machen würdest, mail mir doch bitte oder ruf mich kurz an." (Antwort nur im Negativ-Fall, erspart wieder eine E-Mail).

Tipp 18: Der Meister der PC-Bedienung

„Gibt es an diesem Computer ein Komprimierungspro-gramm, das mir 12 Stunden Arbeit auf 8 Stunden komprimieren kann?"

Sicherlich beherrschen Sie zu-mindest die wesentlichen Grund-funktionen Ihres Computers. Ich möchte Ihnen dennoch drei Kategorien von Empfehlungen mitgeben.

1) Wenn Sie es noch nicht beherrschen: Lernen Sie das 10-Finger-Schreiben. Auch wenn Sie kein „Adler-Such-System" benutzen, sondern mit vier bis acht Fingern relativ schnell sind: Mit einer guten Technik sind Sie schneller. Überlegen Sie mal, wie viele Stunden Sie in einer Woche typischerweise mit Eingaben in den Rechner verbringen. Und dann überlegen Sie mal, wie viele Wochen Sie voraussichtlich noch arbeiten werden. Es lohnt sich. Wie lange braucht man, um das System gut zu erlernen? Die meisten Menschen brauchen bei einem Aufwand von 10 bis 15 Minuten täglich ca. zwei bis drei Wochen. Dann sind sie genauso schnell wie vorher. Ab dann beginnt die Zeitersparnis mit dem weiteren Fortschritt. Sie können natürlich auch ein Tages-seminar hierzu besuchen oder ein Programm herunterladen. Einen Link zu einem aus meiner

Sicht guten und kostenfreien Programm finden Sie unter www.peoplebuilding.de/10-Finger-System

2) Nutzen Sie die Maus weniger: Nichts gegen die Maus, aber in 90 Prozent aller Fälle sind Sie mit Shortcuts (Tastaturkürzeln) schneller. Die meisten Menschen kennen „Strg+C" und „Strg+V" und dann vielleicht noch drei oder vier andere Kürzel, aber nicht mehr. Wenn Sie folgende Kürzel nicht alle kennen, dann ist es dringend Zeit, sich hiermit zu beschäftigen: Strg+S, Strg+P, Strg+Z, Strg+A, Strg+Tab, Win+D, Win+E, Alt+Tab. Eine wesentlich längere Liste von Shortcuts inklusive einer Erklärung der jeweiligen Funktion finden Sie unter: www.peoplebuilding.de/Short cutliste. Mein Tipp hierzu: Drucken Sie die Liste aus und nehmen jede Woche zwei Stück in Ihr Repertoire auf. Sie werden erstaunt sein, wie schnell Sie schneller werden.

3) Die Welt der PC-Profis: Wie viele Tasten müssen Sie betätigen, um bei einer neuen E-Mail (eine solche machen Sie in Outlook übrigens mit Strg+Shift+M auf - nur so am Rande) eine häufige Anrede wie „Hallo Herr" zu schreiben? Wenn Sie durchzählen, dann kommen Sie mit der Großschreibung beider Wörter und dem Leer-zeichen vermutlich auf 12 Anschläge. Das geht auch mit drei Anschlägen. Selbiges gilt auch für andere Anreden, Abschiedsformeln, Wörter im Text und ganze Absätze. Wie geht das? Sie haben zwei Möglichkeiten. Zum einem gibt es eine sehr

intelligente Software. Einen Link hierzu finden Sie unter www.peoplebuilding.de/Shortcuts-Profitool (ja, ich will, dass Sie auf meine Website gehen). Diese Software ist für den Privatgebrauch kostenfrei, kann aber von Ihnen natürlich nur dann installiert werden, wenn Sie Administrationsrechte für Ihren Rechner besitzen. Zum anderen gibt es aber auch die Möglichkeit, die Autokorrekturfunktion zu missbrauchen. Hierbei definieren Sie einfach eigene Korrekturen bzw. Ersetzungen. Für die Anrede „Hallo Herr" definieren Sie beispielsweise das Kürzel „hh". Jedes Mal, wenn Sie zukünftig diese Buchstabenkombination eingeben und danach die Leertaste drücken, entsteht daraus dann sofort „Hallo Herr". Ich persönliche habe Kürzel für Anreden, verschiedene Grußformeln sowie häufig benutzte Wörter und Begriffe wie „Peoplebuilding" und „Personalentwicklung" oder bestimmte Städte wie „München". Auch bei Links ist dies sehr nützlich, um Zeit zu sparen und Tippfehler zu vermeiden. Mein Portrait hat das Kürzel „por". Wenn ich dieses eingebe und die Leertaste drücke, entsteht daraus der Link www.peoplebuilding.de/Portrait_Referenzen.pdf. Bei Vorbereitungs-E-Mails für Veranstaltungen gibt es vier Hauptvarianten – je nachdem, ob es ein Vortrag oder ein Seminar ist und ob ich zu PoweReading (übrigens das Kürzel „Po") oder zu Zeitintelligenz gebucht bin.

Übrigens: Wenn Sie ein Seminar zum Thema „Effektiver am PC" (Kürzel „EAP") für sich oder Ihre Mitarbeiter oder Kollegen buchen möchten, dann schauen Sie unter www.peoplebuilding.de/Trainerteam/Berthold_Glass. Er ist ein Experte, von dem ich sehr viel gelernt habe und ins Team geholt habe, weil ich diese wertvollen Zeitsparstrategien Kunden anbieten wollte.

Tipp 19: Das wichtigste Wort im Zeitmanagement

„Wenn ich ‚Ja' sage, meine ich ‚Nein' auf eine nette Weise."

Was ist das wichtigste Wort im Zeitmanagement? Das wichtigste Wort im Zeitmanagement ist ein kurzes Wort und es startet genauso wie es endet. Sie können es sich sicherlich denken: Es ist das Wort „Nein". Es geht jetzt nicht darum, dass wir ab sofort immer zu allem kategorisch „Nein" sagen. Aber es geht darum, „Nein" zu sagen, wenn wir „Nein" meinen.

Eine Perspektive, die vielen Seminarteilnehmern, die sich mit dem Thema „Nein sagen" schwer tun, oft hilft: Machen Sie sich bewusst, dass Sie jedes Mal, wenn Sie „Ja" sagen, damit auch gleichzeitig „Nein" zu etwas anderem sagen. Umgekehrt gilt: Jedes Mal, wenn Sie „Nein" sagen, sagen Sie damit auch „Ja" zu etwas anderem. Es ist also gar nicht so sehr die Frage, ob Sie „Ja" oder „Nein" sagen, sondern eher die Frage: Wie verteilen Sie die mögliche Anzahl von „Jas" und wie verteilen Sie die notwendige Anzahl von „Neins"? Allein dieser Perspektivenwechsel hilft oft.

Auch Wörter wie „Bitte" und „Danke" sollen an manchen Stellen schon Zeit gespart (und Beziehungen verbessert) haben.

Tipp 20: Dummes ersatzlos streichen

„Egal wie beschäftigt ich bin: Nie ist es zu viel, um keine Zeit mehr zu haben, um mich zu beschweren wie beschäftigt ich bin."

Jeder hat seine persönlichen Stärken und Schwächen in Bezug auf die eigene Zeitverwendung. Ich habe vor einiger Zeit beispielsweise deutlich zu viel Zeit und Energie auf die Richtigstellung eines kleinen Betrags auf meiner Telefonrechnung verbracht. Das ist nicht ganz so dramatisch, aber es gilt, daraus  zu lernen und Ähnliches in der Zukunft zu vermeiden. Oft schildern mir Teilnehmer und Menschen im Einzelcoaching glaubhaft, dass sie viel dafür geben würden, drei bis fünf Stunden mehr in einer Woche zu haben, aber dass einfach nicht mehr Zeit vorhanden sei. Dann stellt sich oft heraus, dass die Person 15 Stunden pro Woche vor dem Fernseher verbringt. Das kommt Ihnen hoch gegriffen vor? Vielleicht ist es bei Ihnen deutlich weniger. Aber das liegt deutlich unter dem Durchschnitt in Deutschland (USA liegen noch viel höher, trotz steigendem Zeitanteil im Internet). Überlegen Sie mal: Wenn Sie abends an Wochentagen um 20 Uhr den Fernseher einschalten und um 23 Uhr ausschalten, dann haben Sie schon vor Beginn des Wochenendes die 15 Stunden zusammen. Verstehen Sie mich bitte nicht falsch: Dies ist kein Plädoyer gegen das Fernsehen. Die Frage ist nur, ob es nicht wichtigere Dinge gibt oder es nicht zumindest lohnenswert wäre, die ersehnten drei bis fünf Stunden pro Woche von der Fernsehzeit abzuziehen.

Es gibt nur ganz selten ein „zu wenig Zeit". Damit meine ich: Wenn wir meinen, wir hätten für eine Sache zu wenig Zeit, dann liegt dies in der Regel einfach nur daran, dass wir in der Sache einfach keine hohe Priorität sehen. Wenn etwas eine hohe Priorität für uns hat, finden wir in aller Regel auch Zeit hierfür. Tipp: Korrigieren Sie sich selbst, wenn Sie davon sprechen, zu wenig Zeit für etwas zu haben. Ersetzen Sie es durch eine Formulierung wie „es ist im Augenblick nicht Priorität für mich". Damit machen Sie sich selbst klar, dass Zeitverwendung eine Sache der gelebten Prioritäten ist – nicht mehr, aber auch nicht weniger.

Das setze ich um (aus Tipps 11-20):

Lösung finden wenn man keine Lösung findet

„Weitere Budgetkürzung: Um Papier und Tinte einzusparen nutzen wir ab sofort keine Vokale mehr. Ds vrsthn S dch schr, dr?"

Die obige Überschrift ist natürlich in sich widersprüchlich. Aber manchmal braucht man eine Lösung für ein Problem, kommt aber selbst nicht darauf. Manchmal entfernt man sich umso mehr von einer guten Lösung, je länger und angestrengter man über das Thema nachdenkt. Welche Möglichkeiten hat man, dennoch Lösungen oder zumindest brauchbare Lösungsansätze zu finden, statt sich weiter abzumühen? Aus meiner Sicht gibt es drei Kategorien von nützlichen Optionen:

1) Eine Unterbrechung: von zwei Minuten bis hin zum ruhen lassen über eine Nacht oder gar mehrere Tage.

2) Eine oder mehrere andere Personen hinzuziehen. Hierbei sind mir vor allem zwei besonders simple und zielführende Methoden bekannt (wobei es natürlich viele weitere gibt):

   a) Das Berater-Spiel: Dies sieht so aus, dass es einen „Problembesitzer" gibt und vier „Berater". Der Problembesitzer schildert das Problem bzw. die Situation in möglichst nur einer Minute. Dann haben die Berater – alle gemeinsam - vier Minuten Zeit, ihre Ideen,

Perspektive, Expertise, Lösungsansätze etc. in Kurzform (keine langen Monologe) in den Raum hineinzuwerfen. In dieser Zeit macht sich der Problembesitzer lediglich Notizen (und beantwortet Verständnisfragen, wenn notwendig). Natürlich ist das Berater-Spiel auch mit einer anderen Anzahl von Personen sinnvoll durchführbar.

b) Die 635-Methode: Dieser Ansatz stammt aus der Kategorie der Brainwriting-Methoden. Idealtypisch gibt es hierbei sechs Personen, drei Lösungsansätze und fünf Minuten Zeit pro Runde. Jede teilnehmende Person nimmt ein Blatt Papier im Querformat zur Hand und zeichnet hierauf zwei senkrechte Striche, so dass sich das Blatt in drei gleich große Bereiche teilt. Dann hat jeder fünf Minuten Zeit, sich drei unterschiedliche Lösungsansätze für das Problem/Thema zu überlegen. Diese sollten möglichst in unterschiedliche Richtungen gehen. Nach Ablauf der fünf Minuten werden alle Blätter an den rechten Nachbarn (kann natürlich auch der linke Nachbar sein – sinnvoll ist hierbei die Einheitlichkeit der Weitergabe) weitergegeben. Dann hat jeder die Aufgaben, jeden der drei Lösungsansätze des Nachbarn weiterzudenken, d.h. ihn bspw. zu konkretisieren, zu verallgemeinern oder eine etwas andere Richtung einzuschlagen. Nach Ablauf von wiederum fünf Minuten wird erneut eine Station weitergegeben und noch mal fünf

Minuten weitergedacht. Nach 15 Minuten haben Sie bei sechs Personen somit 18 dreistufige Lösungsansätze. Neben einer höheren Quantität der Lösungsansätze haben Sie eine wesentlich stärkere Beteiligung aller anwesenden Personen (unabhängig von Hierarchieebene und Persönlichkeit) sowie ein zumindest kurzfristiges, ernsthaftes Weiterdenken aller Ideen. Sonst funktioniert das vorgenommene Kritikverbot bekannter maßen nicht besonders gut.

3) Andere Fragen stellen: Wir finden oft immer dieselben Antworten, weil wir – meistens unbewusst – immer dieselben Fragen stellen. Wenn Sie bessere (also andere) Antworten finden wollen, dann stellen Sie andere Fragen. Nutzen Sie dies im Umgang mit sich selbst und anderen Personen – vom Gespräch zu zweit bis zu größeren Meetings. Meine Lieblingsfragen (u.a.) in diesem Zusammenhang sind: Was wäre die simpelste Lösung? Worauf kommt es hier wirklich an?

Tipp 21: Umfeld „erziehen"

„Als ‚Mitarbeiter des Monats' dürfen Sie einen Mitarbeiter Ihrer Wahl feuern."

Das Thema „Umfeld erziehen" findet bei vielen Seminarteilnehmern Zustimmung, bevor ich die Empfehlung überhaupt konkretisiert habe. Klar: Wenn man das Umfeld erzieht, dann muss man sich nicht selbst ändern, sondern jemand anderes ist aufgefordert, sich bzw. sein Verhalten zu ändern. Vorweg: Das Thema ist nicht so sehr von „oben herab" gemeint, wie es vielleicht klingt.

Worum geht es inhaltlich? Es geht darum, mit anderen Personen hin und wieder über das „wie" der Zusammenarbeit zu sprechen. Das lohnt sich meistens nur, wenn man über einen längeren Zeitraum zusammenarbeitet. Ein Tipp hierzu: Fragen Sie die andere  Person zuerst, ob es irgendetwas gibt, das Sie in der Zusammenarbeit besser machen können. Oft kommen hierauf sehr brauchbare, konstruktive Vorschläge. Unabhängig davon, ob ein wirklich guter Vorschlag kommt, bereiten Sie durch diese Frage den Weg für Verbesserungsvorschläge Ihrerseits. Man muss nicht permanent und krampfhaft über irgendwelche Verbesserungen philosophieren, aber die Erhöhung der Häufigkeit hierzu ist in den meisten Fällen ein guter Schritt.

In einem Seminar erzählte mir mal eine Teilnehmerin, dass sie rund ein Jahrzehnt lang zu einem bestimmten Thema einen zehnseitigen, wöchentlichen Bericht für ihren Chef angefertigt hat. Irgendwann meinte dieser – unter starkem Zeitdruck stehend – dass ihm ein Kurzbericht auf nur einer Seite lieber sei. Jahrelang hatte sie sich „einen Wolf geschrieben" und er hatte sich jahrelang „einen Wolf gelesen". Es ist sehr, sehr schade, wenn simpel umzusetzende Effizienzpotentiale nicht genutzt werden, weil nicht über das „wie" der Zusammenarbeit gesprochen wird.

Mit „Erziehen des Umfelds" ist aber auch beispielsweise gemeint, dass man seine Mitarbeiter darauf hin „trainiert", dass sie nicht alle zwei Minuten mit einem Einzelanliegen ankommen, sondern ihre Themen nach Möglichkeit bündeln. Dies reduziert übrigens nicht nur die Häufigkeit der Unterbrechungen, sondern auch die Gesamtzahl der zu besprechenden Punkte, weil sich manches in der Zwischenzeit von selbst erledigt (Veränderung der Situation) oder durch den Mitarbeiter gelöst wird. Letzteres ist also nebenbei auch ein Beitrag zur Selbständigkeit der Mitarbeiter.

Tipp 22: Die Geschichte des Sägers

„Ich arbeite 5 Minuten, dann mache ich 30 Minuten Pause. Aber wenn ich arbeite, arbeite ich sehr, sehr hart."

Kennen Sie die Geschichte von dem Säger? Es kommt ein Spaziergänger in den Wald und entdeckt einen Säger. Woran erkennt der Spaziergänger den Säger? Er sägt! Der Säger ist hoch motiviert, er weiß genau, was er will (hohe Zielklarheit: Baumstamm durchsägen).

129

Mit vollem Einsatz sägt er und sägt er. Der Spaziergänger – mit ein paar Metern Abstand, also quasi aus der Vogelperspektive heraus - beobachtet das Geschehen. Dann tippt er dem Säger auf die Schulter und sagt: „Herr Säger, es geht mich zwar eigentlich nichts an, aber mir ist aufgefallen, dass ihre Säge stumpf ist." Daraufhin der Säger: „Ja, ich weiß! Aber ich habe keine Zeit zum Schärfen. Ich muss sägen, um die Deadline einzuhalten!" Was will ich mit dieser Geschichte (Originalquelle unbekannt und von mir leicht abgewandelt) zum Ausdruck bringen? Was ist mit „Säge schärfen" gemeint? Hierzu gehören viele Dinge: eine kurze Pause, ein paar Tage oder Wochen Urlaub, eine Prozessverbesserung, Weiterbildung (fachlich wie nicht-fachlich), sinnvolle Planung etc.

Tipp 23: Der optimale Treffpunkt

„Darf ich ein bisschen Feedback anbieten? Wenn du ein Mittagsessen mit einem Kunden hast, ritze und male besser keine Eurozeichen in dein Essen."

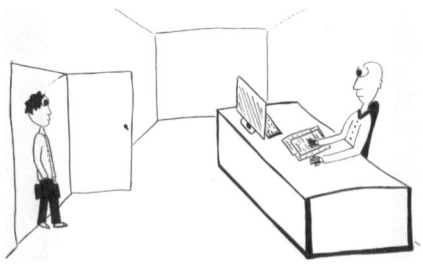

Die nachfolgende Empfehlung klingt egoistisch. Vielleicht ist sie es auch. Die Bewertung ist natürlich Ihnen vorbehalten. Wenn Sie sich mit jemandem treffen wollen, dann in den meisten Fällen entweder bei dieser Person oder bei Ihnen (ich meine die jeweiligen Büros). Oft haben beide

Optionen Vor- und Nachteile. Meine Empfehlung lautet: Treffen Sie sich mit anderen Person möglichst oft in Ihrem eigenen Büro bzw. dort, wo Sie ohnehin schon sind. Das spart oft mehr Zeit als man sich bewusst ist. Selbst wenn Sie sich mit einem Kollegen im gleichen Unternehmen auf dem gleichen Gelände treffen, kann die Zeitersparnis hoch sein. Angenommen, Sie wollen sich für 20 Minuten zusammensetzen. Wenn Sie sich im Büro der anderen Person treffen, dann kostet das erheblich mehr Zeit. Sie brauchen ein paar Minuten, um sich auszuloggen, Ihre Sachen zu packen, laufen runter und über das Gelände, dann in einem anderen Gebäude wieder rauf, warten vielleicht ein paar Minuten auf Ihren Kollegen, haben dann das 20-minütige Gespräch – und danach den ganzen Aufwand rückwärts. Stoppen Sie mal, wie lange Sie „von Ihrem produktiven Arbeiten" weg sind. Viele Menschen sind überrascht, dass aus den beispielhaften 20 Minuten dann 60 Minuten geworden sind.

Natürlich gibt es manchmal gute Gründe, einen Weg in Kauf zu nehmen. Keine Frage. Interessanterweise ist es in manchen Branchen Usus, dass der Kunde zum Anbieter kommt und in manchen Branchen ist der Usus genau umgekehrt. Manchmal gibt es gute Gründe hierfür. Aber wer sagt denn, dass es so sein muss? Öfters lade ich Personen zu mir ins Büro ein, auch wenn es eher unüblich in der jeweiligen Branche ist. Viele sind froh, einfach mal raus zu kommen oder können es zumindest mit einem anderen Termin verbinden. Es kann sehr sinnvoll sein, gewohnte Muster zu durchbrechen.

Tipp 24: Antizipation - hellseherischen Fähigkeiten

„Es tut mir leid, aber ich musste ein Meeting für heute Nachmittag zurückverlegen auf gestern Vormittag. Passt das?"

Niemand hat eine Kristallkugel, die die Zukunft voraussagt. Zumindest habe ich für mich selbst entschieden, dass es mehr Nachteile als Vorteile hat, Menschen, die dies behaupten, zu glauben. Der folgende Tipp hat also nichts mit hellseherischen Fähigkeiten zu tun, wohl aber mit vorausschauender Zeitintelligenz.

Die Empfehlung lautet: Immer wenn Sie Zeitdruck bei sich oder einer anderen Person beobachten, dann versuchen Sie, etwas daraus zu lernen. Nicht immer gibt es zwingend etwas zu lernen. Aber häufig schon.

Wenn Sie selbst unter Zeitdruck geraten, dann macht es natürlich Sinn, sich um das Meistern der Situation zu kümmern. Aber nehmen Sie sich danach wenigstens ein paar Sekunden, um sich selbst zu fragen, ob es irgendetwas zu lernen gibt. Was könnten Sie tun, um solche Situationen in der Zukunft zu vermeiden oder zumindest abzufedern, indem Sie hierauf besser vorbereitet sind?

Wenn jemand anderes unter Zeitdruck gerät, dann fragen Sie sich ebenfalls, ob Sie etwas hieraus lernen können. Ich hatte in einer früheren Büroräumlichkeit mit einem sehr großen Raum einen mit-mietenden Architekten, der tagelang an irgendetwas Größerem gearbeitet hatte. Dann wollte er unmittelbar vor seinem Termin das Arbeitsergebnis schnell noch ausdrucken. Was passiert genau dann, wenn man es am allerwenigsten braucht? Genau: Der Drucker streikt. Ich sehe, Sie haben auch so einen Drucker. Wir haben ihm angeboten, es für ihn auszudrucken. Nicht immer besitze ich die Weitsicht wie in dieser Situation, aber ich fragte mich, ob uns etwas Ähnliches auch passieren könnte. Zwar sind wir keine Architekten, aber wir bedienen uns einer vergleichbaren Technologie (des Druckers). Unser Drucker war laut Aussage des Vertreters „unkaputtbar". Dennoch haben wir, nach dem Problem des Architekten, zusätzlich einen günstigen Ersatzdrucker gekauft. Ein paar Wochen später haben wir nicht wie sonst, zeitintelligent handelnd, die Handouts für ein offenes Seminar bereits zwei Tage vorher gedruckt, um notfalls einen Copyshop nutzen zu können, sondern erst kurz vor meiner Abfahrt. Oder besser: drucken wollen. Natürlich war Murphy zuverlässig und der unkaputtbare Drucker streikte. Wir waren sehr froh um die vorherige Antizipation.

Tipp 25: Der „wie es geht – Ordner"

„Ich brauche Sie zum Schreiben einer Anleitung zum Verständnis dieses Prospekts, den wir gedruckt haben, um das Handout zu erläutern, das wir gesendet haben, um die Anmerkung zu erklären zum Statusbericht des Statusberichts."

Was ist ein „wie es geht Ordner"? Das ist ein elektronischer Ordner mit Beschreibungen der wichtigsten Prozesse und Aufgaben. Es geht nicht so sehr darum, hier das Benutzerhandbuch einer Hard- oder Software mit einer vollen Auflistung tausender Funktionen abzulegen (was  natürlich nicht schadet), sondern primär um eine verständliche Beschreibung der Dinge, die wirklich gebraucht werden.

Was sind die Vorteile eines „wie es geht Ordners"? Personen können sich besser gegenseitig vertreten. Im Krankheits- und Urlaubsfall ist ein solches System eine enorme Erleichterung. Zudem reduzieren sich die Einarbeitungszeiten. Bei uns im Unternehmen ist der Einarbeitungsaufwand hierdurch mindestens um die Hälfte gesunken (keine Übertreibung). Nicht nur bei neuen Mitarbeitern ist ein solcher Ordner von großem Vorteil, sondern auch bei neuen Einzelaufgaben. Ein

Beispiel: Ich hatte einem Mitarbeiter eine Aufgabe gegeben. Dieser bat darum, dass wir uns hierzu zusammensetzen. Er hatte zehn Fragen. Ich habe ihm gesagt, dass es eine „wie es geht Beschreibung" hierzu gebe. Wenn nach dem Lesen dieser Unterlagen noch Punkte offen seien, dann nähme ich mir gerne die Zeit hierfür. Er kam später wieder und meinte, dass acht Punkte abgehakt seien (80 Prozent weniger Erklärungsaufwand!). Einen Punkt habe er nicht gefunden und einen Punkt habe er nicht verstanden. Beide habe ich erklärt. Natürlich nicht ohne die Aufforderung, den fehlenden Punkt zu ergänzen und den unverständlichen Punkt so zu ergänzen oder zu verändern, dass die nächste Person diesen leichter verstehen werde – davon ausgehend, dass diese lediglich halb so intelligent sein würde wie er.

Ein weiterer Vorteil eines „wie es geht Ordners" ist, dass sich Menschen stärker an die Standardprozesse halten. Nichts gegen Kreativität, aber nicht beim Auslassen eines kritischen Prozessschritts. Schon gar nicht habe ich etwas gegen Verbesserungsvorschläge. Wenn jemand der Ansicht ist, dass es eine bessere Vorgehensweise gibt als den beschriebenen Prozess, dann bin ich generell sehr offen hierfür. Nur solange der Standard nicht verbessert worden ist, haben sich alle Beteiligten an den bisherigen Standard zu halten. Für Führungskräfte kann ein guter „wie es geht Ordner" ein sehr nützliches Führungsinstrument sein, u.a. weil es für Mitarbeiter wenig Spielraum für Ausreden wie „wusste ich nicht" gibt, wenn die Dinge unübersehbar und „idiotensicher" beschrieben sind.

Was sind typische Inhalte für einen „wie es geht Ordner"? Jegliche wichtige Geschäftsprozesse. Wir haben eine solche Beschreibung u.a. für Reisebuchungen, die Eingangspost, Angebotserstellung, Veranstaltungs-nachbereitung, die monatliche Umsatzsteuer, das Melden am Telefon, das Auffüllen des Produktlagers. Es gibt aber auch Bereiche, an die man vielleicht nicht denken würde, die abgedeckt sind: Nachbestellungen von Druckertinte und Getränken, erwartete Verhaltensregeln (wie viel privates Telefonieren und Surfen während der Arbeitszeit in Ordnung ist) und was mit benutzten Handtüchern zu tun ist, damit Gäste und Mitarbeiter sich wohl fühlen.

Was sind die Voraussetzungen dafür, dass sich ein „wie es geht Ordner" auch lohnt? Die Informationen müssen leicht zu finden sein und aktuell gehalten werden. Hierzu muss jemand „den Hut aufhaben" und hinterher sein, dass alle ihren Beitrag zur Findbarkeit und Brauchbarkeit leisten. Übrigens sind das Einrichten und die laufende Pflege eines „wie es geht Ordners" ein klassisches Beispiel für eine Aktivität aus dem Bullauge: wichtig, aber nicht dringend!

Tipp 26: Vorsicht - Meetingitis im Umlauf

„Ich bilde einen Ausschuss, um eine Task Force ins Leben zu rufen, zum Auswählen eines Teamleiters für den Aufbau eines Ausschusses, der die besten Mitarbeiter einstellt, um den schnellsten Lösungsweg zu definieren."

„Meetingitis" ist natürlich ein (von mir) erfundenes und bewusst provokatives Wort. Wie viel Zeit verbringen Sie pro Woche in Meetings? Wenn Sie im Schnitt nur eine oder zwei Stunden wöchentlich in Meetings verbringen, ist dieser Teil vermutlich nicht der Wichtigste für Sie. Aber wenn ich Teilnehmer in meinen Seminaren frage, dann antworten viele Führungskräfte und teilweise auch Nicht-Führungskräfte, dass sie zwischen 20 und 50 Prozent ihrer Arbeitszeit in Meetings verbringen. Vermutlich gibt es hierbei kein Optimum. Im Streben nach einer höheren persönlichen Produktivität formuliert jedoch selten jemand das Vorhaben, zukünftig mehr Zeit in Meetings verbringen zu wollen. Ob Sie schon aus dieser Feststellung eine Veränderung Ihres Zeiteinsatzes ableiten wollen, bleibt Ihnen überlassen. Ich gebe Ihnen - primär der Anekdote wegen, aber auch als kleine Warnung - ein Beispiel: Ein Kunde von mir ist der Personalleiter eines Unter- nehmens mit einer vier- stelligen Mitarbeiteranzahl.  Da er ohnehin nie am Arbeitsplatz erreichbar ist, verteilt er seit Jahren überall seine Handynummer. „Man muss heutzutage ja schließ- lich erreichbar sein". Er ist von morgens acht Uhr bis in die Abendstunden durchgängig in Meetings. Die meiste Zeit verbringt er aber in den Meetings damit, an sein (auf Vibrationsalarm eingestelltes) Handy zu gehen – natür- lich im Flüsterton, um sich eine Minute aus dem Meeting zu entfernen und der Person zu sagen, dass er gerade im

Meeting sitzt. Übrigens war er auch mal in einem 2-Tages-Seminar von mir. Hierbei ist er zuerst eine halbe Stunde zu spät gekommen, musste zwischendurch für eine Stunde in ein Meeting (die Abwesenheiten durch eingehende Anrufe führe ich hier nicht explizit auf) und hat sich dann in der Nachmittagspause verabschiedet mit dem Hinweis, dass er sofort los müsse zu einem wichtigen Meeting (was sonst?) und deshalb leider auch am nächsten Tag nicht dabei sein könne. Ich war sehr überrascht, als ich einige Tage später von einem Kollegen von ihm den Hinweis bekam, dass er in höchsten Tönen von meinem Seminar geschwärmt hat.

Nun erhalten Sie konkrete Tipps in Bezug auf das Thema Meetingeffizienz:

1) Fordern Sie im Vorfeld eine Agenda an. Wenn ich zu einem Meeting eingeladen werde, antworte ich oft mit: „Vielen Dank für die Einladung. Könnten Sie mir bitte die Agenda rüberschicken, damit ich mich vorbereiten kann?" Diesen Hinweis bringe ich zum einen, weil ich mich tatsächlich vorbereiten will, und zum anderen, weil ich sicherstellen will, dass sich der Einladende Gedanken zu den zu behandelnden Punkten gemacht hat.

2) Prüfen Sie im Vorfeld, ob Sie zu allen Agendapunkten benötigt werden. In den meisten Organisationen und Abteilungen gibt es die unausgesprochene Regel, dass alle Teilnehmer von Anfang bis Ende anwesend sein müssen. Wer sagt denn, dass es immer so sein muss? Ich bin

fest überzeugt, dass sich in fast allen Organisationen die Gesamtzeit, die Mitarbeiter in Meetings verbringen, völlig ohne Nachteile um mindestens zehn Prozent reduzieren lässt, indem die Reihenfolge der zu besprechenden Punkte leicht umgestellt wird und immer nur diejenigen anwesend sein müssen, die wirklich beitragen können. Auch wenn der Einzelne in der Regel nicht die gesamte Meetingkultur einer Organisation verändern wird, so kann man doch durch diese Empfehlung einen Teil der eigenen Meetinganwesenheiten reduzieren.

3) Kennen Sie Gruppen, die dazu neigen, aus jeder Mücke (zeitlich gesehen) einen Elefanten zu machen? Oft sind dies auch Gruppen, die bestimmte, fast schon dogmatische Verhaltensweisen haben. Hiermit meine ich, dass dies oft Gruppen sind, die um Punkt Zwölf Uhr zum Mittagessen gehen oder um Punkt 16:30 Uhr in den Feierabend. Angenommen, Sie haben ein paar Themen, die in 30 Minuten abzuarbeiten sein sollten. Der größte Fehler, den Sie mit solchen Gruppen in diesem Zusammenhang machen können, ist, das Meeting auf 11 Uhr anzusetzen. Warum? Es dehnt sich garantiert genau bis 12 Uhr aus. Wenn Sie Pech haben, dann passiert Ihnen diese sogar, wenn Sie den Beginn auf 10:30 Uhr setzen. Die Empfehlung ist simpel: Starten Sie das Meeting um 11:30 Uhr. Es ist erstaunlich, wie viel effizienter einige Menschen gegen 11:50 anfangen zu kommunizieren, nur weil der Magen knurrt – und das völlig ohne Kommunikations-

training. Auch gegen 16:15 Uhr ist es erstaunlich, wie viel zielorientierter manche Personen anfangen zu handeln, nur weil um 16:32 Uhr der nächste Bus fährt – und der nächste Bus danach erst volle fünf Minuten später fährt.

4) Probieren Sie mal Meetings im Stehen aus. Diese sind – bei sonst gleichen Bedingungen – kürzer. Natürlich nicht bei einen 3-Stunden-Meeting.

Übrigens können Sie sich mit zunehmender Verantwortung und Aufstieg in der Hierarchie zweier Dinge sicher sein: Die Menge an Informationen wird zunehmen und die Anzahl der Meetings, zu denen Sie eingeladen werden, ebenfalls. Deshalb gehört der wirksame Umgang mit beiden Themen zu den wichtigen Fähigkeiten aller Menschen, die eine größere Verantwortung tragen oder zukünftig tragen werden bzw. möchten.

Tipp 27: Gas-Prinzip

„Wir haben das Ziel erreicht: Mit einem Team von fünfundzwanzig Leuten, die sechs Monate gearbeitet haben mit einem eingehaltenen Budget von 1.335.000 Euro. Das geniale neue Logo. Ein Kreis!"

Kennen Sie das Gas-Prinzip im Zeitmanagement? Wenn Sie mehr schaffen wollen in weniger Zeit, dann geben Sie einfach mehr Gas. Im Ernst: Gas hat die Eigenschaft, sich so weit auszudehnen, wie „Raum da ist". Was hat dies mit der eigenen Zeitverwendung zu tun? Ist es bei Tätigkeiten nicht ähnlich? Irgendwie schaffen wir die

Dinge immer gerade in dem (zeitlichen) „Raum, der da ist". Vielleicht kennen Sie es: Sie sind an einem bestimmten Tag nur zwei Stunden im Büro. Dann schafft man nicht ganz so viel wie an einem vollen Arbeitstag. Aber die wichtigsten Dinge schafft man irgendwie in genau dieser Zeit. An einem anderen Tag ist es überraschend ruhig. Es liegt nicht so viel auf

dem Tisch. Aber dennoch dehnen sich die Tätigkeiten zeitlich so weit aus, wie Zeit zur Verfügung steht.

Im Rahmen eines größeren Coachingauftrags saß eine Dame bei mir im Einzelcoaching. Sie gehörte schon seit Jahren zu den drei umsatzstärksten Beratern der insgesamt ca. 15-köpfigen Geschäftsstelle. Als sich unsere Wege kreuzten, war sie gerade erst ein paar Monate aus einer Erziehungspause zurück. Sie bemerkte, dass sie vor der beruflichen Auszeit im Schnitt zehn Stunden pro Tag gearbeitet hatte. Um nun Berufliches und Privates unter einen Hut zu bringen, arbeitete sie nun durchschnittlich fünf Stunden pro Tag. Nach ihrem Umsatz gefragt, entgegnete sie, dass sie jetzt relativ konstant bei 90 Prozent des Niveaus vor der Babypause liege. Was lernen wir daraus? Babypausen machen produktiver. Nein, da besteht wohl zumindest kein direkter Kausalzusammenhang. Aber es ist oft so, dass das Arbeitsergebnis – gerade im Vertrieb – mit sinkender Arbeitszeit nur unterproportional sinkt. Entscheidend ist jedenfalls, dass die Dame einige Aspekte ihrer Arbeit anders angeht. Ich habe sie dann gefragt, was sie denn tun würde, wenn sie plötzlich wiederum nur halb so viel Arbeitszeit, also nur zwei bis drei Stunden pro Tag, zur Verfügung hätte. Durch diese Frage angestoßen, haben wir mehrere lohnenswerte Verbesserungsmöglichkeiten gefunden, die des Umsetzens wert waren – auch wenn es nur ein Gedankenspiel war.

Diese Frage möchte ich an Sie als Leser weitergeben: Angenommen, Sie wollten oder müssten dieselben Arbeitsergebnisse auf einmal in der halben Zeit erledigen. Was wären Sie dann gezwungen, anders an-zugehen als bisher? Dann stellt sich die Frage: Welche dieser Änderungen sind auch dann sinnvoll, wenn diese Situation voraussichtlich nicht eintreten wird? Die meisten Menschen leiten aus diesen Fragen sehr nütz-liche und produktivitätssteigernde Strategien ab.

Ein weiterer Tipp im Rahmen des Gas-Prinzips für Tätigkeiten, die nicht besonders wichtig sind, aber den-noch gemacht werden müssen: Setzen Sie vorher bewusst einen sehr begrenzten Rahmen. Angenommen, bei Ihnen ist ein Brief eingegangen, der zwar inhaltlich nicht besonders wichtig ist, aber auch nicht unbeantwortet bleiben sollte. Dann setzen Sie vorher den zeitlichen Rahmen und sagen sich bspw. „Ok, ich beantworte den Brief, aber ich verwende nicht mehr als zehn Minuten darauf". Oft ist es hilfreich, sich für die Hälfte der vor-genommenen Zeit einen automatischen Signalton zu setzen. Garantiert dies, dass Sie den vorgenommenen zeitlichen Rahmen einhalten? Nein, aber es erhöht deutlich die Wahrscheinlichkeit, dass es zeitlich nicht ausufert. Selbst wenn Sie den zeitlichen Rahmen überschreiten, dann merken Sie dies wenigstens und werden bei der nächsten Zeitschätzung ein wenig realistischer.

Ein Gast-Tipp (von Anett Warschat, Pliening) zum Thema: Ich nutze eine Eieruhr. Diese stelle ich beispielsweise auf 60 Minuten. In dieser Zeit bleibe ich wirklich bei der Sache und lasse mich möglichst nicht ablenken. Anfangs dauerten die Tätigkeiten sehr oft länger als gedacht – vor allem, weil ich erst lernen musste, „bei der Sache" zu bleiben. Natürlich begleitet mich die Eieruhr nicht mehr den ganzen Tag. Aber für bestimmte Tätigkeiten nutze ich sie immer noch.

Noch ein Beispiel zum Setzen des Rahmens für weniger wichtige Themen: Nach dem Ende seines (in Summe 12-wöchigen) Schülerpraktikums kontaktierte mich ein Fachoberschüler mit der Bitte, ihm ein Arbeitszeugnis auszustellen. Im Rahmen eines solchen Pflichtpraktikums ist es eher unüblich, über die schulnotenartige Bewertung und einen verbalen Kommentar hinaus ein vollwertiges Arbeitszeugnis auszustellen. Seine Leistung war mittelmäßig. Es hat davor und danach deutlich bessere und auch deutlich schlechtere FOS-Schüler bei uns gegeben. Aus meiner Sicht war dies ein klarer Fall für einen klaren zeitlichen Rahmen. Ja, ich wollte diesem Wunsch nachkommen und ihn unterstützen, hatte aber deutlich wichtigere Themen vor mir. Meine Frage an mich selbst lautete: Wie kann ich ihm helfen und möglichst wenig Aufwand haben? Mein erster Gedanke war: Delegieren! Aber auch mein Office Manager sollte nicht zwei Stunden damit beschäftigt sein. Also sagte ich meinem Office Manager, er soll ein Standardzeugnis aus einer Vorlage mit der Schulnote 2- (Sie wissen schon: volle und nicht vollste Zufriedenheit usw.) schreiben und hierauf maximal 15 Minuten verwenden. Den zeitlichen Rahmen können Sie also durchaus als Führungskraft auch an Ihre Mitarbeiter kommunizieren.

Tipp 28: Den eigenen Stunden-Wert kennen

„Ich biete Ihnen einen fünfstelligen Monatslohn. Drei Stellen am 15. eines Monates und zwei Stellen am 30."

Was ist mit „Stunden-Wert" gemeint? Es gibt hierbei zwei Betrachtungsweisen: Zum einen die Wertschöpfung, die eine Stunde Ihrer Arbeitszeit im Durchschnitt mit sich bringt. Dies ist bei Personen, die keinen festen Stundenlohn gegenüber Kunden (oder zu- mindest kalkulatorisch) besitzen, oft schwer zu ermitteln. Zum anderen gibt es den Ansatz, die Kosten einer Arbeitsstunde als Grundlage zu nehmen. Die folgende Formel hierfür ist sicher nicht wissenschaftlich genau und auch nicht immer präzise, aber eine gute Faustformel: Man nehme den Bruttojahreslohn und teile diesen durch 1000. Die Logik hinter dieser Faustformel lautet: Bei ganz grob 2000 Arbeitsstunden pro Jahr würde man den Bruttojahreslohn durch 2000 teilen. Da es aber weitere Kosten (Lohnnebenkosten, anteilige Gemeinkosten etc.) gibt, multipliziert man den Betrag mit dem Faktor zwei. Das ist natürlich mathematisch genau dasselbe, als ob man einfach das Komma beim Bruttojahresgehalt um drei Stellen nach links verschiebt.

Was bringt es, den eigenen Stunden-Wert zu kennen? Es sensibilisiert sehr stark für das kritische Nachdenken über die knappe Ressource Zeit. Wenn Sie sich klar-machen, dass die Erledigung einer bestimmten Tätigkeit 200 Euro kostet, dann überlegen Sie sich intensiver, ob sich diese Aufgabe wirklich lohnt oder es nicht Wichtigeres gibt. Wenn Sie eine Aufgabe durchführen, werden Sie – mit diesem Preisbewusstsein im Hinterkopf – intensiver nach Zeitsparmöglichkeiten suchen. Stellen Sie sich für eigene Aufgaben und auch für delegierte Aufgaben ruhig öfters die Frage: Würden wir X Euro auf dem externen Markt für die Erledigung dieser Aufgabe ausgeben? Manch eine Führungskraft vertritt nämlich die Auffassung, dass Kosten, die durch den Zeiteinsatz von Mitarbeitern entstehen, sog. EDA-Kosten sind. Sie kennen EDA-Kosten nicht? EDA-Kosten sind laut Auffassung mancher Personen keine Kosten, weil der Mitarbeiter „eh da" ist.

Auch in Meetings kann es sehr sinnvoll sein, ein Bewusstsein unter allen Anwesenden zu schaffen, was eine solche Stunde Meeting kostet. Lassen Sie doch einfach mal zu Beginn eines Meeting einen Satz fallen wie: Ich habe ausgerechnet, dass eine Stunde Meeting mit dieser Gruppe 600 Euro kostet - jede Minute kostet also 10 Euro. Das kann einen erstaunlichen Effekt in Bezug auf die Produktivität und Zielorientierung im Meeting haben. Ein ehemaliger Kollege von mir war in unserer gemeinsamen Zeit bei der KPMG Consulting ein wenig frustriert über die geringe Produktivität der Zusammenarbeit mit einem bestimmten Gremium bei einem Kunden. Deshalb hat er ein relativ einfaches Programm geschrieben, anhand dessen man sehen konnte, wie schnell eine DM „weg war". Es fing zu Beginn des Meetings bei Null an und nahm erstaunlich schnell zu. Dies hatte primär positive Effekte. Leider stellten die Mitarbeiter des Kunden fest, dass die Zahl erheblich langsamer stieg, wenn die externen Berater nicht dabei waren.

Tipp 29: Die VIP-Liste

„Die haben mir den Chefposten gegeben, weil ich ein Vollidiot bin. Es wäre viel zu riskant gewesen, diese Macht einer intelligenten Person zu geben. "

Bei der VIP-Liste geht es nicht um eine Liste der Menschen, die einen Promi-Faktor besitzen, sondern um ein einfaches Instrument zur Reduzierung ungewollter Unterbrechungen. Eine VIP-Liste ist eine Liste von bis zu ca. zehn Personen, die als Anrufer immer durch-zu-stellen sind. Alle anderen Personen sollen nur dann durchgestellt werden, wenn die Tür offen ist oder es ein Notfall ist. Übrigens ist eine VIP-Liste, die nicht ein Dutzend Personen beinhaltet, sondern mehrere hundert

Personen, keine VIP-Liste, sondern ein Telefonbuch. Ich nutze oft eine Art „mündliche, flexible VIP-Liste". Oft bin ich bspw. nur zwei Stunden an einem Tag im Büro. Dann sage ich im Büro Bescheid, dass ich die Anrufe von zwei Personen erwarte. Anrufe dieser beiden Geschäftspartner mögen durchgestellt werden und mit anderen Personen soll nach Möglichkeit ein Telefontermin für den nächsten vollen Tag im Büro ausgemacht oder eine andere Lösung gefunden werden.

Manchmal macht auch eine „schwarze Liste" Sinn. Hierauf platzieren Sie Menschen, denen grundsätzlich ausgerichtet werden soll, dass Sie nicht verfügbar sind. Bei uns gab es mal einen Professor, der sich wohl für meine Arbeit interessierte und sich in einer – aus meiner Sicht nicht hilfreichen, aber gut gemeinten – Weise einbringen wollte. Es schien, als ob er kein Problem damit gehabt hätte, wenn ich den überwiegenden Teil meiner Zeit im Büro mit ihm am Telefon verbracht hätte. Da er gesendete Signale nicht aufzunehmen schien, starteten wir mit seinem Namen die schwarze Liste. Aktuell stehen vier Personen darauf.

Tipp 30: Pünktlichkeit als Regel, nicht als Ausnahme

„Sag ihm, dass dieser Vertreter da ist. Du weißt schon. Der, der über seine Witze lacht."

Was hat Pünktlichkeit mit Zeitsparen zu tun? Zunächst das Offensichtliche: Wenn beispielsweise bei einem Meeting alle Personen pünktlich sind, dann ist die Gesamtwartezeit na-  hezu Null. Verspäten sich einige, die am Meeting teilnehmen sollen, dann kostet das fast immer Zeit, weil gewartet werden muss und die neu Ankommenden eventuell auf den Stand der Dinge gebracht werden müssen.

Im Rahmen eines Seminars wurde mir von einem Geschäftsführer erzählt, dem das Thema Pünktlichkeit sehr wichtig war. Beim ersten Meeting mit der obersten Führungsmannschaft waren einige zu spät. Er macht die Tür zu und schloss diese von innen ab. Das Meeting fand ohne die verspäteten Führungskräfte statt. Dies hat sicher zu einer verbesserten Pünktlichkeit geführt. Ob er sich damit besonders beliebt gemacht hat, steht auf einem anderen Blatt.

Durch meine Arbeit komme ich in die unterschied-lichsten Unternehmen und Branchen. Ähnlich wie Menschen haben natürlich auch Unternehmen Stärken und Schwächen. Gerade zum Thema Pünktlichkeit herr-schen sehr unterschiedliche Kulturen. Ich spreche hierbei nicht von Unterschieden zwischen verschiedenen Ländern (die gibt es diesbezüglich natürlich auch), sondern von Unterschieden von Branche zu Branche und oft sogar innerhalb einer Branche. Ich kenne ein Unter-nehmen, bei dem es absurd ist: Wenn der Beginn eines Meetings auf 10 Uhr angesetzt ist, dann ist um 10 Uhr meistens noch keine einzige Person an-wesend. Nach und nach treffen die Teilnehmer ein. Das Meeting startet dann nie innerhalb 15 Minuten nach dem eigentlich ange-setzten Start. Das weiß man natürlich. Deshalb kommt auch keiner pünktlich. Ein absurder und nicht pro-duktiver Kreislauf.

Wenn Sie im Regelfall pünktlich sind, hat dies mehrere Vorteile: Sie werden als zuverlässiger wahrgenommen und andere Menschen sind bei Treffen mit Ihnen im Schnitt auch pünktlicher. Sie kennen bestimmt die Situation, in der Sie sich denken: Ich muss los. Ich will pünktlich sein, weil der andere auch immer pünktlich ist.

Ergänzend zum Thema Pünktlichkeit ein Gast-Tipp (von Robin Ticic, Much): Für mich ist nach wie vor der klassische, physische Wiedervorlageordner sehr hilfreich. Wenn die jeweilige Unterlage zeitlich sinnvoll einsortiert ist, dann nimmt diese keinen Platz mehr auf dem Schreibtisch ein und belastet auch geistig nicht. Zudem stellt das Widervorlagesystem sicher, dass die Tätigkeit nicht vergessen wird – auch eine Form der Pünktlichkeit.

Das setze ich um (aus Tipps 21-30):

Der Zeitverwendungs-Kuchen

„Herr Trainer, nach dem Kreativseminar ‚think outside the box' haben wir noch Anlaufschwierigkeiten. Wir müssen uns vor der Umsetzung noch einigen, auf die Größe der Box, aus welchem Material die Box bestehen soll, das Budget für die Box und unsere Präferenz in Bezug auf einen Lieferanten für die Box."

Der Zeitverwendungskuchen ist ein Analysewerkzeug für eine bessere Prioritätenfindung. Genau genommen sind es zwei (gleichgroße) Kuchen.

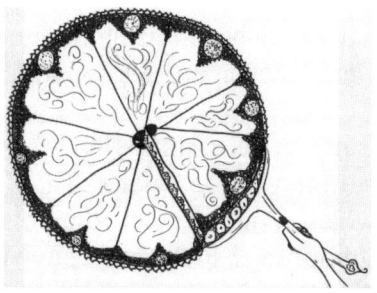

Kuchen 1 visualisiert den „Ist-Zustand", beantwortet also die Frage, wie Sie Ihre Zeit in einer typischen Woche tatsächlich verwenden. Sollten Sie im Rahmen des Tipps „Transparenz" schon eine Woche lang Ihre Tätigkeiten aufgeschrieben haben, dann ist dies natürlich eine sehr gute Grundlage hierfür. Wenn nicht, dann versuchen Sie es einfach so gut wie möglich aus dem Kopf. Die Größe der einzelnen Kuchenstücke repräsentiert natürlich Ihre jeweiligen Zeitverwendungsanteile. Hierbei gibt es oft mehrere Möglichkeiten, die Zeitanteile zu definieren. Machen Sie es einfach so, wie Sie es für sinnvoll halten.

Kuchen 2 repräsentiert Ihre Zeitverwendung in der idealen Welt. Natürlich wissen wir, dass wir diese ideale (Arbeits-)Welt nicht haben und nicht haben werden.

Was machen wir jetzt mit den beiden Kuchen? Werfen Sie einen Blick auf die größte Differenz der beiden Kuchenstücke in die eine und in die andere Richtung. Da die Kuchen gleich groß sind, muss es für jedes größere Kuchenstück auch eines oder mehrere kleinere Kuchenstücke im Vergleich zum anderen Kuchen geben. Die größte Differenz in die eine und in die andere Richtung sind die beiden Stellen, an denen es in der Regel Sinn macht, ernsthaft über Möglichkeiten der zeitlichen Umverteilung nachzudenken. In den meisten Fällen gelingt keine vollständige Angleichung an den Ideal-Kuchen, aber immerhin eine Annäherung und ein hiermit verbundener Produktivitätssprung.

Eine weitere sinnvolle Frage in diesem Zusammenhang lautet: Von den vielen Tätigkeiten, denen Sie nachgehen, welche hiervon ist diejenige mit der höchsten Wertschöpfung? Für Mitarbeiter im Vertrieb ist dies meistens die Zeit, die sie mit einem Kunden verbringen. In vielen anderen Bereichen ist dies häufig nicht so offensichtlich. Oft ist dies die eigentliche fachliche Tätigkeit. Dann stellen Sie sich noch die Frage: Wie müsste ich mich und mein Umfeld organisieren, um 50 Prozent mehr Zeit mit dieser Tätigkeit zu verbringen? Wenn ich mit Vertriebsmitarbeitern arbeite (ich mache keine Vertriebstrainings, werde aber zu meinen beiden Schwerpunkten oft für den Vertrieb gebucht), dann sage ich diesen, dass sie zwei Hebel haben: ihre Effektivität in der Zeit, die sie mit Kunden verbringen und ihre Produktivität außerhalb der

Kundenzeit, damit sie mehr Zeit mit Kunden verbringen können. Bei Ersterem macht ein ständiges Arbeiten an Fachwissen und Verkaufsfähigkeiten Sinn. Bei Letzterem reichen oft kleine Änderungen in der eigenen Arbeitsweise, um nicht mehr zwei, sondern drei Stunden täglich mit Kunden zu verbringen. So einfach kann in vielen Fällen ein Umsatzsprung von 50 Prozent sein.

Der Aufwand, die beiden Zeitverwendungskuchen so anzulegen, dass man gute Erkenntnisse hieraus ableiten kann, liegt meistens bei ca. 15 Minuten. Dies ist meiner Erfahrung nach gut investierte Zeit.

Tipp 31: Antizyklisch vorgehen

„Die Top 10 Stress-Management-Techniken: 1. Essen 2. Schlafen 3. Essen 4. Schlafen 5. Essen 6. Schlafen 7. Essen 8. Schlafen 9. Essen 10. Schlafen"

Wann macht es Sinn, anders zu handeln als die Mehrheit? Mir fallen viele Situationen ein: Wenn Sie die Möglichkeit haben, den Berufsverkehr zu vermeiden, dann macht es Sinn, über eine Verschiebung der Arbeitszeit nachzudenken. Sie können früher anfangen und 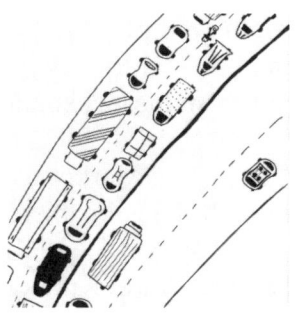 früher aufhören. Sie können später anfangen und später aufhören. Früher anfangen und später aufhören? Nein, das ist auf Dauer zumindest nicht ideal. Später anfangen und früher aufhören? Das klingt nach der optimalen Kombination.

Antizyklisches Handeln kann aber auch beim Mittagessen und im Supermarkt Sinn machen. Erstaunlich finde ich immer den letzten Samstag vor Weihnachten. Jedes Jahr steht Weihnachten überraschend vor der Tür. Noch erstaunlicher finde ich, dass die Einkäufer am besagten Samstag jedes Jahr aufs Neue auch noch überrascht sind, dass es in den Läden so voll ist. Meine Frau hat übrigens in der Regel ihre Weihnachtseinkäufe im Oktober schon erledigt. Wir sind einfach eine perfekt organisierte Familie. Natürlich sind wir das nicht und es ist auch nicht mein Einfluss, dass sie dies so frühzeitig macht. Ich habe sie nie gefragt, aber ich vermute, dass die Gründe in einer Mischung aus Vorfreude und Stressvermeidung liegen.

Auch im Umgang mit Dienstleistern kann ein antizyklisches Vorgehen sinnvoll sein. In vielen Branchen ist zu bestimmten Jahreszeiten (oder auch Monaten oder immer zum Monatswechsel) mehr los und zu anderen Zeiten weniger. Sie bekommen in den ruhigen Zeiten oft einen besseren Service und mehr Geduld. Manchmal kann man hierbei sogar Sonderpreise aushandeln.

Selbst im Marketing kann antizyklisches Vorgehen sinnvoll sein. Probieren Sie doch einfach mal aus, was passiert, wenn Sie nicht wie alle anderen zu Weihnachten etwas an Ihre Kunden verschicken, sondern zu einem anderen Zeitpunkt. Die Wirksamkeit ist garantiert nicht geringer. Wenn ich Anfragen von Kunden für einen Vortrag für deren Kunden erhalte, dann selten für einen Termin in den Ferien. Es sollen ja schließlich möglichst viele Kunden Zeit haben. Zwar sind dann weniger Kunden im Urlaub, aber es gibt auch viel mehr andere Termine, Einladungen und Verpflichtungen. Die Wahrheit ist oft, dass in den Ferien mehr Personen kommen als außerhalb der Ferienzeiten. Und wen fragen Sie in einer solchen Situation dann für ein Vortrags-Highlight an? Mich natürlich! Ernsthaft: Auch wenn ich nicht in Frage kommen sollte. Rufen Sie mich an. Ich kann fast immer jemand Passendes empfehlen, der zum jeweiligen Budget sein Geld wert ist, und kann oft durch ein mittlerweile sehr gutes Netzwerk durch einen persönlichen Kontakt auch „preislich etwas bewirken".

Tipp 32: (Werbe-)Post & Co.

„Erinnerst du dich an die guten alten Zeiten, als die nicht erwünschte Werbepost nicht durch den Computer kam?"

Die Werbepost steht stellvertretend für jegliche Informationen, die bei uns eintreffen, aber nicht relevant sind. Hier gibt es nur eine Devise: Konsequent abbestellen, ausmisten, loswerden. Wenn es reine Werbung ist, zu Produkten,  die Sie nicht interessieren, dann: einfach abbestellen. Durch einen nicht herausgenommenen Haken landet man mittlerweile sehr schnell auf einem Newsletterverteiler.

Ich habe absolut nichts gegen Newsletter. Ich habe nur etwas gegen Newsletter, die ich nie haben wollte. Aber auch innerbetrieblich oder von irgendwelchen Verbundpartnern oder Kunden erhält man oft umfangreiche Informationen. Auch hier gilt es, dies einzudämmen – natürlich möglichst diplomatisch. Wenn Sie jemanden mit einem solchen Hinweis nicht verärgern wollen, gibt es bei E-Mails immer noch die Möglichkeit, eine Regel zu erstellen die da lautet: ab in den Papierkorb!

Tipp 33: Checklisten clever nutzen

„Wir sind eine multinationale Firma. Deshalb müssen wir in 50 Sprachen sagen können, dass Herr Müller nicht im Büro ist"

Wann machen Checklisten Sinn? Primär bei wiederkehrenden Tätigkeiten. Aber auch generell in Situationen, in denen es wichtig ist, keinen Punkt zu vergessen oder eine bestimmte Reihenfolge einzuhalten.

Welche Vorteile haben Checklisten? Der Hauptvorteil wurde schon angerissen: Sie vergessen nichts. Ich bin beispielsweise sehr dankbar, dass Piloten vor dem Start eine Checkliste benutzen und nicht (oder zumindest extrem selten) die Enteisung vergessen. Dies ist ein guter Beitrag zur Sicherheit. Sie erzielen durch Checklisten auch eine Standardisierung in Bezug auf die

Reihenfolge der durchzuführenden Schritte. Zudem haben Sie durch Checklisten seltener den „hab ich den Herd angelassen – Effekt". Ich denke, Sie wissen was ich hiermit meine, nämlich das ungute Gefühl, etwas vergessen zu haben. Ein weiterer und letzter zu nennender Vorteil ist, dass man einfach schneller ist. Ein Beispiel: Ich habe für Veranstaltungen eine Checkliste. Diese ist untergliedert nach Dingen, die ich immer brauche und Sachen, die ich nur für einen Schwerpunkt oder nur für Seminare oder nur für Vorträge brauche. Ich werfe zunächst ohne die Checkliste alles, was ich meine zu brauchen, in den Koffer. Dann gehe ich die Checkliste durch: Hab ich, hab ich, hab ich, fehlt noch, hab ich, hab ich, hab ich, fehlt noch, hab ich, hab ich. Fertig.

Investieren Sie ruhig ein paar Minuten in das Erstellen von Checklisten für wiederkehrende Tätigkeiten – auch wenn diese nur einmal pro Jahr stattfinden.

Tipp 34: E-Mailbearbeitung

„Ich habe eine Lösung für ihr E-Mail-Flut-Problem. Ich richte Ihr E-Mail-Postfach so ein, dass automatisch alle Nachrichten entfernt werden, die einen Vokal beinhalten."

Wie oft am Tag bearbeiten Sie Ihre E-Mails? Manche Menschen empfinden diese Frage als unverständlich und antworten und/oder denken sich: Halt 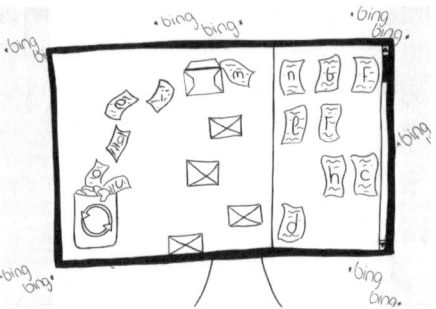 immer dann, wenn eine E-Mail eintrifft. Dann müssen wir sehr grundlegend starten. Nur in den seltensten Fällen ist dies unter Effizienzgesichtspunkten optimal. Meine Empfehlung lautet: Denken Sie mal darüber nach, mit welcher Antwortdauer Ihre Geschäftspartner sollten rechnen können. Daraus leiten Sie dann ab, wie oft am Tag es Sinn macht, die eingetroffenen E-Mails zu bearbeiten. Angenommen, Sie kommen zum Ergebnis, dass ein halber bis ganzer Arbeitstag eine vernünftige Antwortdauer ist, dann müsste es doch reichen, wenn Sie vier Mal am Tag Ihre E-Mails bearbeiten. Hat es wirklich oft einen entscheidenden Nachteil, wenn Sie nicht innerhalb von einer Stunde, sondern erst innerhalb von zwei Stunden antworten? Ich behaupte, dass es ohnehin Situationen gibt, in denen Sie nicht so schnell reagieren können, zum Beispiel, wenn Sie im Meeting sind, im Flieger oder gar im Urlaub. Das bedeutet, dass der

Anspruch, immer extrem schnell zu reagieren, ohnehin nicht realisierbar ist.

In meiner Beobachtung vieler Personen und Organisationen stelle ich fest, dass – Vorsicht, leicht provokativ – die Erwartung an eine extrem schnelle Reaktion auf E-Mails ein teilweise selbstgezüchtetes Problem ist. Wie komme ich zu dieser Aussage? Stellen Sie sich mal vor, ein Kunde erwartet eine Antwort innerhalb von vier Stunden. Sie wollen verständlicherweise die Erwartung übertreffen und antworten daher schon innerhalb von zwei Stunden. Der Kunde freut sich. Das ist gut. Der Kunde gewöhnt sich hieran. Seine Erwartung steigt. Sein vorausschauendes Kommunizieren mit Ihnen wird schlechter. Er weiß ja schließlich, dass Sie immer schnell reagieren. Seine gestiegenen Erwartungen versuchen Sie wiederum zu übertreffen. Es wird immer schlimmer. Dieses Beispiel könnte ich bis ins Absurde fortsetzen. In vielen Unternehmen hat es bereits extreme (wie ich finde: absurde) Züge angenommen. Ich kenne mehrere Unternehmen, in denen die Mehrzahl der Mitarbeiter es kaum aushält, mal 15 Minuten nicht auf ihr Smartphone zu schauen. Ob das so smart ist, wage ich stark zu bezweifeln. Ich persönlich halte es für den Sieg der Technik über die Vernunft und nicht für einen souveränen Umgang mit der Technik. Dies ist übrigens in sehr starkem Maße branchenspezifisch und auch eine Sache der Unternehmenskultur. Neulich habe ich eine Aussage eines Partners einer großen Kanzlei mitbekommen: Dieser impft seinen neuen Mitarbeitern ein, dass diese sich gleich von Anfang an daran gewöhnen sollten, dass man bis ca. 18 Uhr ohnehin nur mit dem Beantworten von E-Mails und Telefonaten beschäftigt sei und erst danach zu seiner eigentlichen Arbeit komme. Wohlgemerkt, ich kritisiere hier nicht die Gesamtarbeitszeit, die dort im Schnitt bis 23 Uhr geht (das ist ein völlig separates Thema), sondern die Prioritätendefinition tagsüber. Es gibt intelligentere Lösungen als den Zustand, in dem hochbezahlte Fachkräfte den ganzen Tag über auf irgendetwas reagieren.

Eine Faustregel, die für viele (wohlgemerkt, natürlich nicht alle) arbeitende Menschen sehr hilfreich ist, lautet: Bearbeiten Sie Ihre E-Mails viermal am Tag. Beispielsweise einmal eine halbe Stunde nach Beginn der Arbeit, eine halbe Stunde vor Beginn der Mittagspause, eine halbe Stunde nach Ende der Mittagspause und eine Stunde vor Feierabend. In vielen Bereichen stellt dies einen vernünftigen Kompromiss zwischen einer relativ hohen Reaktionsgeschwindigkeit einerseits und einem möglichst unterbrechungsfreien Abarbeiten wichtiger Tätigkeiten andererseits dar. Das beschriebene Muster hat auch den Vorteil, dass Sie zumindest zwei Mal am Tag (zum Arbeitsbeginn und nach der Mittagspause) eine halbe Stunde haben, in der Sie Aufgaben erledigen, die nicht reaktiv sind. Ich möchte ganz speziell davor warnen, morgens als Erstes die E-Mails auch nur anzuschauen. Auch wenn dies für den überwiegenden Teil der arbeitenden Menschheit eine Gewohnheit ist, möchte ich mit diesem Verhaltensmuster brechen, weil man aus dieser Reaktionsschleife oft den ganzen Tag nicht mehr herauskommt. Dies ist meistens weder förderlich für die Produktivität noch für das eigene Empfinden, das Heft selbst in der Hand zu haben.

Wenn Sie zur Feststellung gelangen, dass Sie es sich nicht leisten können, nur viermal pro Tag die E-Mails zu bearbeiten, dann probieren Sie es doch mal mit „einmal pro Stunde". Dann bewerten Sie in einer ruhigen Minute, ob diese Änderungen Ihre Ergebnisse in Summe positiv oder negativ beeinflusst. Die allermeisten Menschen ziehen ein positives Fazit. Der Vollständigkeit halber sei angemerkt, dass es durchaus ein paar wenige Bereiche gibt, in denen die sofortige Bearbeitung einer eintreffenden E-Mail extrem entscheidend ist. Dies ist beispielsweise der Fall, wenn beim IT-Support eine E-Mail eingeht mit dem Hinweis, dass gerade zehn Mitarbeiter nicht arbeiten können.

Im Ergebnis geht es darum, dass Sie eine sinnvolle Häufigkeit für die E-Mailbearbeitung für sich selbst definieren und sich hierbei vor zwei Dingen hüten:

1) Vorschnell zu urteilen, dass „der Bereich in dem ich arbeite anders ist" und Sie keine andere Wahl haben, als E-Mails sofort zu beantworten. Dies kann der Fall sein, ist aber tatsächlich viel seltener als die Überzeugung hierzu.

2) Aus reiner Neugierde permanent in die E-Mails zu schauen, nur weil das Vorschaufenster aufgeht oder ein ungeöffneter Briefumschlag sichtbar wird oder ein Signalton zu hören ist. Vielleicht sind Sie der Meinung, dass Neugierde Ihrer Produktivität nicht abträglich ist. Dies ist möglich, aber eher die Ausnahme. Ein Beispiel: Wir hatten vor einigen Jahren einen neuen und noch nicht fertigen Bereich unserer Website schon

veröffentlicht und haben diese offene Baustelle „nicht klicken" genannt. Was glauben Sie, welcher Bereich derjenige mit der höchsten Klickrate war? Bevor Sie jetzt möglicherweise auf unsere Website gehen um nachzuschauen was sich dahinter verbirgt: Sparen Sie sich die Zeit. Es ist keine gut investierte Zeit, weil diese Aktivität keine für Sie wichtigen Ergebnisse produzieren würde, weil es diese Rubrik nicht mehr gibt. Sollten Sie aber einen Impuls gespürt haben, dann sind Sie stärker durch Neugierde gesteuert als Sie glauben.

Abschließend zum Thema E-Mail sei noch angemerkt, dass man auch auf seinem Smartphone steuern kann, welche E-Mails dort ankommen und welche nicht. Ohne den Anspruch, dass es die Musterlösung ist: Ich habe meinen Blackberry so eingerichtet, dass ich die meisten E-Mails dort nicht empfange.

Eine wirksame Strategie zur deutlichen Reduktion der E-Mailflut in einer Abteilung oder gar im ganzen Unternehmen finden Sie in einem weiteren Gastbeitrag unseres Experten für PC-Effektivität, Berthold Glass, unter: www.peoplebuilding.de/weniger-emails.pdf.

Tipp 35: Feste Orte nutzen

„Ich bin nie unorganisiert – ich weiß exakt, wo alles ist! Das neuere Zeug ist weiter oben und das ältere Zeug ist weiter unten."

Es ist erstaunlich, wie viel Zeit wir Menschen im Schnitt am Tag mit Suchen verbringen – sowohl nach physischen Gegenständen als auch nach Informationen. Dies kann alleine schon dadurch reduziert werden, dass man für bestimmte Dinge

feste Orte hat. Wenn man den Schlüsselbund an maximal zwei Orten daheim ablegt, dann muss man entsprechend auch nur an maximal zwei Orten suchen. Ähnliches gilt auch für elektronische Informationen. Hier gilt es, lieber mal ein paar Sekunden mehr zu investieren und das Dokument an derselben sinnvollen Stelle abzulegen wie andere Dokumente zum selben Thema oder zu verwandten Themengebieten.

Hiermit verwandt ist auch das Thema der sinnvollen Benennung von Dateien. Hier geht es vor allem darum, dass man auch nach Wochen, Monaten oder Jahren noch versteht, was sich in einer Datei mit einem bestimmten Dateinamen wohl befindet. Generell machen an vielen Stellen auch Dateinamenskonventionen Sinn. Wenn es von einer Datei mehrere Versionen gibt und weiterhin geben soll, dann macht das Datumsformat „JJMMTT" (also 110725 für den 25.7.11) einfach Sinn. Dateinamen

163

mit Zusätzen wie „neu" oder „neuer" stiften oft Verwirrung, vor allem, wenn man feststellt, dass die Datei trotz des Zusatzes „neu" schon viele Jahre alt ist. Das obige Datumsformat hat auch den Vorteil, dass die Dateien tatsächlich in chronologischer (oder antichronologischer) Reihenfolge stehen. Beim klassischen deutschen Datumsformat „TTMMJJ" ist dies nicht der Fall.

Damit auch E-Mails schnell wieder auffindbar sind, macht es manchmal auch Sinn, den Betreff zu ändern. Viele Menschen wissen gar nicht, dass dies geht. Ich meine hierbei nicht, dass Sie bei einer Antwort auf eine erhaltene E-Mail den Betreff ändern (auch das halte ich oft für sinnvoll), sondern E-Mails auf die Sie nicht antworten. Ja, auch bei E-Mails, auf die Sie nicht antworten, können Sie einfach den Betreff verändern. Dies funktioniert in fast allen gängigen Mailprogrammen (unter anderem in Outlook), indem Sie die E-Mail öffnen (durch Doppelklick, nicht nur im Vorschaufenster) und in das Betrefffeld schieben. Was bringt das? Vielleicht ist der vom Absender gewählte Betreff nicht derjenige, den Sie gewählt hätten und dann vermutlich auch nicht derjenige nach dem Sie suchen werden, wenn Sie die Information benötigen. Zudem kann es sein, dass als Betreff „Thema X" gewählt wurde, die E-Mail dann mehrere Male hin- und her ging und es mittlerweile um „Thema Y" geht. Das wissen Sie vielleicht in ein paar Tagen noch, aber vermutlich in ein paar Wochen oder Monaten nicht mehr. Umso zeitsparender, wenn Sie so zeitintelligent waren, den Betreff zu ändern.

Ich gebe übrigens gerne zu, dass wir das Thema mit den festen Orten in unserem privaten Haushalt zumindest teilweise nicht gut umgesetzt haben. Wenn ich Werkzeug suche, sollte dies meiner Ansicht nach an einem von zwei Orten sein: entweder in einem hierfür vorgesehenen Regal in der Garage oder einem Regal im Keller mit demselben Zweck. Die Praxis sieht so aus, dass das Aufziehen einer Küchenschublade oft die Vorgehensweise mit der höchsten Erfolgsaussicht ist. Meine Frau hat also in diesem Punkt ein anderes Ordnungssystem. Naja, manchmal muss man sein Effizienzstreben auch mal in die Ecke stellen.

Tipp 36: Backups machen und Alternativen finden

„Wir sichern unsere Daten auf Post-its, weil Post-its nie abstürzen.“

Dieser Tipp ist zweigeteilt. Den Teil über Backups können wir kurz halten. Wenn Sie in einem größeren Unternehmen arbeiten, dann gibt es mit hoher Wahrscheinlichkeit Menschen, die sich um die Datensicherheit kümmern. Dann müssen Sie als einzelner Mitarbeiter lediglich zusehen, dass Sie Ihre wichtigen Daten nur auf dem Server bzw. einer Stelle, die regelmäßig auf dem Server gesichert wird, abspeichern. Wenn Sie in einem kleineren Unternehmen arbeiten, ist diese regelmäßige

Sicherung wichtiger Daten häufiger nicht so zuverlässig eingerichtet. Überlegen Sie also selbst, ob es irgendwo beruflich wichtige Daten gibt, die nirgendwo anders gesichert sind. Hierzu gehört übrigens auch das Handy. Ihr Handy geht zwar nicht verloren und geht auch sicher nicht kaputt, aber es soll Menschen geben, denen dies schon mal passiert ist. Überlegen Sie auch mal, ob es private Daten (wichtige Unterlagen, Fotos, Videomaterial) gibt, die Ihnen wichtig sind, aber nicht mindestens doppelt vorhanden sind. Man kann sich nicht vor jedem Szenario schützen, aber doch die Wahrscheinlichkeit von Datenverlusten dramatisch reduzieren. Datensicherung ist heutzutage weder schwer noch teuer.

Der zweite Teil dieses Tipps bezieht sich auf Abhängigkeiten. An welchen Stellen sind Sie als Abteilung oder gar Gesamtorganisation abhängig von einer Person, einem Produkt, einem Vertriebskanal oder einem Kunden? Die Zahl Eins ist in diesem Zusammenhang gefährlich. Wenn etwas, beispielsweise durch eine Person, gut erledigt wird, dann neigt man meistens dazu, sich hierauf zu verlassen. Je länger es gut läuft, desto stärker ist dies typischerweise der Fall. Was aber passiert, wenn diese Person ausfällt, wenn dieses Produkt nicht mehr dieselbe Nachfrage findet, wenn der Vertriebskanal nicht mehr funktioniert oder wenn dieser eine Kunde nicht mehr kauft? Ich weiß schon: Solche Dinge passieren bei Ihnen im Unternehmen nicht. Aber es soll schon andere Unternehmen gegeben haben, in denen solche Dinge schon geschehen sind. Im Ernst: Natürlich kann auch bei Ihnen jemand aus Krankheitsgründen plötzlich für eine kürzere oder längere Zeit ausfallen.

Dies gilt natürlich auch für den Chef, an den hierbei oft nicht gedacht wird.

Für beide angesprochenen Aspekte in dieser Passage gilt: Der beste Zeitpunkt, eine Alternative zu schaffen, ist „bevor man sie braucht", also jetzt.

Tipp 37: Unordnung halten, aber hinten

„Ordnung ist das halbe Leben. Ich lebe in der anderen Hälfte."

Vermutlich kennen Sie diverse Empfehlungen, den eigenen Schreibtisch ordentlich organisiert zu halten. Manche empfehlen sogar, immer nur den Vorgang auf dem Tisch zu haben, der zum aktuellen  Arbeitsvorgang gehört. Dies ist aber sehr selten Realität. Pragmatisch finde ich den Ansatz, zusätzlich zum aktuellen Vorgang, immer nur einen weiteren Stapel auf dem Schreibtisch zu haben. Es geht nicht um Perfektion, aber schon um die optische Aufgeräumtheit, die einen Einfluss auf die gefühlte Aufgeräumtheit hat. Wenn Sie es trotz Bemühungen nicht schaffen sollten, den Schreibtisch ordentlich zu halten, dann gibt es eine zweitbeste Lösung: Richten Sie – sofern noch nicht vorhanden – eine zweite horizontale Fläche hinter sich ein. Dann transportieren Sie das Chaos vom Ihrem Schreibtisch nach hinten auf diese Fläche. Die schlechte Nachricht: Das Chaos ist immer noch da. Die gute Nachricht: Sie sehen es nicht mehr! Sollten Sie in Reihen hintereinander sitzen, dann ist diese Vorgehensweise eine unfaire Taktik, vor allem für denjenigen, der ganz hinten sitzt.

Hierzu passend ein Gast-Tipp (von Sebastian Fotter, Penzberg): Räumen Sie am Abend Ihren Schreibtisch auf. Komplett. Das klingt zwar banal, sorgt aber dafür, dass man am nächsten Morgen nicht den Berg sieht (und deshalb nicht weiß, wo man anfangen soll), sondern sich mit voller Kraft dem aktuellen Projekt widmen kann.

Tipp 38: 75-%-Regel

„Musst du alles downloaden was du siehst? Ich habe 984 GB zugenommen seit ich dich kenne! Ich werde so fett werden wie ein Großrechner!"

Ein ganz simpler Ordnungs-Tipps: die 75-Prozent-Regel. Auch hier geht es um (simples) zeitintelligentes Handeln und das Vermeiden unnötiger Dringlichkeit. Sobald etwas – ein Ordner, das E-Mailpostfach, ein Laufwerk – zu 75 Prozent voll ist, dann unternehmen Sie etwas dagegen. Sie haben hier grundsätzlich zwei Strategien

zur Verfügung: Entweder Sie erweitern die Kapazität oder Sie misten aus. Bevor Sie aber die Kapazität erweitern: Stellen Sie sich die Frage, ob dies wirklich der sinnvollere Weg ist. Sehr häufig ist nämlich das Ausmisten die sinnvollere Vorgehensweise – nicht notwendigerweise, um Geld zu sparen, sondern um wieder eine bessere Ordnung und Übersicht zu gewinnen.

Selbstverständlich wird es im Einzelfall sinnvoll sein, aus der 75-Prozent-Regel die 85-Prozent-Regel oder die 90-Prozent-Regel zu machen. Aber warten Sie nicht bis zuletzt ab, in der Hoffnung, dass es schon irgendwie gut geht. Der E-Maileingang bspw. ist meistens genau dann überfüllt, wenn man es am wenigsten braucht. Das können Sie entweder mit Murphys Gesetz oder auch Ursache und Wirkung erklären. Ich konzentriere mich in der Regel auf Letzteres.

Tipp 39: Die Vorab-Information

„Du schüttelst meine Hand seit 6 Minuten, hast meinen Namen 19 Mal in einem einzelnem Satz genannt und spiegelst jede Geste, inklusive Nasenbohren, die ich gemacht habe, um dich zu testen. Was willst du mir verkaufen?"

Dieser Tipp beinhaltet ein wenig genutztes und gleichzeitig hochwirksames, zeitsparendes Kommunikationsinstrument: die Vorab-Information. Es geht schlichtweg um das „Vorab-Kommunizieren" des zeitlichen Rahmens. Angenommen, Sie werden zu einem Meeting eingeladen, das für den Zeitraum 14 bis 15 Uhr angesetzt ist. Sie haben jedoch die Befürchtung, dass es zeitlich ausufert. Probieren Sie es doch mal, sofern in der Situation passend, am Anfang des Meetings den Hinweis zu bringen: „Vielen Dank für die Einladung. Ich habe mir von 14 bis 15 Uhr gerne reserviert. Vorwarnung: Ich muss um 15 Uhr ziem-lich scharf weg." Wenn Sie dies in einem ganz unaufgeregten und nicht aggressiven Ton äußern, dann wird Ihnen dies im Normalfall kein Mensch übel nehmen. Im Gegen-

teil: Es wird meistens als sehr respektvoll im Umgang mit den anderen anwesenden Personen empfunden. Stellen Sie sich den umgekehrten Fall mal vor: Sie haben es nicht vorher angekündigt, springen um 15 Uhr auf und rufen: „Überraschung, ich muss weg!" Durch eine solche, geschickte Vorab-Information schaffen Sie wesentlich leichter um 15 Uhr den Absprung aus dem Meeting.

Kennen Sie das? Jemand kommt zu Ihnen rein und fragt: Haben Sie mal eine Minute? Natürlich wissen wir, dass es nicht wortwörtlich um nur eine Minute geht. Das Problem ist ja auch nicht, dass es ein bisschen länger dauert als eine Minute, sondern dass es erheblich länger dauert. Eine Antwort, die ich (respektvoll und zeit-sparend zugleich handeln wollend) oft bringe, lautet: „Ich habe eine Minute. Ich habe auch fünf bis zehn Minuten. Sollte es allerdings länger als zehn Minuten dauern, würde ich gerne einen neuen Termin mit Ihnen ausmachen." Welche Antwort kommt dann in den meisten Fällen? Sehr häufig entgegnet die hereinkommende Person etwas wie „kein Problem, ich fasse mich kurz“. Manchmal bekräftigt die Person, dass es ein wirklich wichtiges Thema ist, das mehr als zehn Minuten benötigt. Dann hat man immer noch die Möglichkeit, einen neuen Termin auszumachen oder sich doch in diesem Augenblick mehr Zeit zu nehmen als zunächst angekündigt.

Auch am Telefon können Sie die Vorab-Information zeitsparend einsetzen. Mit eingehenden Telefonaten können Sie ähnlich umgehen wie im obigen Beispiel mit der Person, die zu Ihnen hereinkommt. Ich nutze die Vorab-Information auch öfters bei ausgehenden Telefonaten. Oft bin ich nur relativ kurz im Büro und möchte die Zeit für Telefonate nutzen, ohne ewig Zeit mit dem einzelnen Telefonat zu verbringen. Dann sage ich manchmal einleitend etwas wie: „Hallo Herr/Frau XY, ehrlich gesagt habe ich nur fünf Minuten, wollte aber die Zeit nutzen, um mit Ihnen drei Punkte durchzusprechen. Ist es für Sie in Ordnung, wenn ich gleich zum Punkt komme?“ Fast alle Gesprächspartner geben Antworten wie „Schießen Sie los“ oder „Kein Problem. Ich bin selbst gerade ein wenig unter Zeitdruck“.

Tipp 40: Mit der Delegationsliste alles im Blick

„Du bist hiermit befördert zur oberen Führungskraft des Energiemanagements. Du wirst derjenige sein, der von Arbeitsplatz zu Arbeitsplatz geht und Kaffee und Plätzchen verteilt."

Bei der Delegationsliste handelt es sich nicht um eine Liste von Menschen, die ins Ausland entsendet wurden, sondern um eine schriftliche Fixierung abgesprochener Aufgaben. Während oder nach dem Ende eines Meetings notieren sich die meisten Menschen diejenigen Aufgaben, die sie selbst zu erledigen haben. Auch wenn es relativ banal ist: Ich empfehle sehr, sich auch zu den Aufgaben, die andere Personen übernommen haben, Notizen zu machen. Der Zweck hier ist vermutlich offensichtlich: Es geht darum, diese Punkte nicht zu vergessen und hierauf wieder zurückgreifen zu können. Warum betone ich dies? Ein Beispiel: Vor einiger Zeit hat mir ein Seminarteilnehmer berichtet, dass er für zwei Projekte freigestellt ist, um zu jeweils ca. 50 Prozent für beide zur Verfügung zu stehen. Es gab zwei Projektleiter. Der Projektmitarbeiter meinte, dass er bei dem einen Projektleiter alle erhaltenen Aufgaben gewissenhaft angehe. Er gab aber auch zu, beim anderen Projektleiter,

bei erhaltenen Aufgaben erstmal eine Weile zu warten, weil dieser „sowieso die Hälfte vergesse". Ob Sie Führungsverantwortung besitzen oder nicht (aber besonders, wenn dies der Fall ist): Eine solche Feststellung und Reputation wollen wir definitiv vermeiden. Es geht nicht darum, als Wadenbeißer verschrien zu sein, aber schon darum, nicht den Überblick zu verlieren. Und das darf auch ruhig allen bekannt sein. Oft werde ich von Seminarteilnehmern gefragt, welche Form der schriftlichen Fixierung ich empfehle. Meine Antwort: Das ist ziemlich egal – Hauptsache, es ist schriftlich fixiert und an einer Stelle befindlich, an der Sie zumindest ab und zu mal nachschauen.

Auf einer etwas allgemeineren Ebene werde ich auch oft gefragt, ob ich eine handschriftliche Planung oder eine elektronische Planung empfehle. Bei aller Technik (die in meinen Augen mehr Vor- als Nachteile hat, wenn man souverän und sinnvoll damit umgeht) ist es eine Geschmackssache. Entscheidend ist vor allem das, was „zwischen den Ohren passiert", also die Denkweise und die Handlungen, die aus dieser Denke heraus dann Wirklichkeit werden.

Das setze ich um (aus Tipps 31-40):

Die EGAL-Methode

Gegen Ende unserer gemeinsamen Zeit im Rahmen dieses Buchs möchte ich Ihnen noch einen Denkansatz mitgeben, der Ihnen garantiert in jedem Lebensbereich bessere Resultate bescheren wird, wenn Sie ihn nutzen.

Bevor man mit der Umsetzung einer Aufgabe losmarschiert (und auch oft im Eifer des Gefechts), ist es oft sehr nützlich, die EGAL-Methode zu durchlaufen. Die Buchstaben stehen für: Ergebnis, Grund, Aktivität und Leverage (Hebelwirkung).

Bevor Sie mit einer Aufgabe starten, stellen Sie sich die Frage: Was ist das gewünschte Ergebnis? Manchmal ist das angestrebte Ergebnis offensichtlich. Oft wird dieses vor und während der Umsetzung allerdings aus den Augen verloren. Was meine ich hiermit? Zunächst ein Beispiel aus dem privaten Bereich: Angenommen, jemand hat sich vorgenommen, mehr für seine Gesundheit zu tun. Ein Teil dieses Vorhabens resultiert in „mehr Sport treiben". Dies wiederum soll durch mehr Fahrradfahren geschehen. Es läuft auch eine Weile gut. An einem Tag ist vor der geplanten Sonntags-Tour ein Reifen platt. Es gibt kein Flickzeug, keinen Ersatz und die Geschäfte sind geschlossen. Unser Radfahrer versucht den Reifen irgendwie notdürftig zu flicken. Trotz längeren und kreativen Einsatzes hält der Schlauch nicht dicht. Aus der Fahrradtour wird also nichts. Leider hat unser Hobbysportler das eigentlich gewünschte Ergebnis, nämlich Sport treiben und dabei Spaß haben, aus den Augen verloren. Natürlich gibt es meistens viele in Frage kommende Alternativen, beispielsweise zu joggen, zu schwimmen oder Tennis zu spielen.

Ein Beispiel, das in privaten und beruflichen Situationen immer wieder zu beobachten ist: Zwei Menschen unterhalten sich. In einem relativ kleinen Punkt hat man unterschiedliche Ansichten. Diese beiden Standpunkte werden jeweils dargestellt. Aus dem Gespräch wird eine Argumentation. An irgendeiner Stelle ist die Stimmung unbemerkt ins Negative gekippt. Nach einer Weile geht es gar nicht mehr so sehr um die Sache, sondern primär darum, Recht zu haben. Auch hier wurde das eigentlich gewünschte Ergebnis aus den Augen verloren. Das wäre vermutlich ein Gedankenaustausch und vielleicht ein kleiner, aber positiver Beitrag zur Beziehung gewesen.

Meiner Beobachtung nach sind immer mehr Menschen so beschäftigt mit dem TUN, dass sie völlig aus den Augen verlieren, worum es wirklich geht (Ergebnis) und warum (Grund) sie meinen, dass sie irgendetwas tun müssen.

Noch ein Beispiel: Die Parkplatzsituation für Mitarbeiter und Kunden soll verbessert werden. Beide Gruppen waren mit dem aktuellen Zustand unzufrieden. Es wird ein Projektplan mit Deadlines aufgestellt. Nach einer Weile ist man im Verzug, will aber mit aller Macht das Projekt wie geplant zu Ende bringen. Man setzt alle Beteiligten unter Druck. Die Stimmung ist sehr gereizt. Die Bauarbeiter fühlen sich durch die parkplatz-suchenden Mitarbeiter und Kunden in ihrem Fortschritt gebremst. Es kommt immer wieder zu Reibungspunkten. Alle sind unzufrieden. Die Zufriedenheit zu heben war das Ziel. Auch hier wurde das eigentlich gewünschte Ergebnis im Eifer des Gefechts vergessen.

Hier ein Beispiel für das „aus den Augen verlieren" des eigentlichen Grundes für eine Handlung: In einem Freizeitpark gab es eine hohe Unzufriedenheit der Besucher mit dem Toilettenreinigungspersonal. Entgegen der Erwartung stellte sich heraus, dass das Toilettenpersonal zu den Mitarbeitern mit dem höchsten Arbeitseinsatz gehörte. Das gewünschte Ergebnis lautete: Die Toiletten sauber halten. Der Grund hierfür lautete: Die Zufriedenheit der Gäste hoch halten. Die zu erledigen Aufgabe lautete: Toiletten putzen. Der Grund geriet in Vergessenheit. Vielleicht wurde dieser seitens der Führungskräfte auch nie kommuniziert. Nach einer Weile hatte die Crew nur noch die Aufgabe im Kopf: Ich muss die Toiletten sauber machen und sauber halten. Das einzige Problem hierbei waren die Gäste. Entsprechend wurden diese behandelt. Und das alles, weil der eigentliche Grund gedanklich und vermutlich in der Kommunikation verloren gegangen war.

Beim häufigeren Hinterfragen des gewünschten Ergebnisses und des Grundes hierfür werden Sie feststellen, dass sich die Aktivitäten längst nicht immer, aber erstaunlich häufig ein wenig oder sogar stark ändern.

Das „L" steht für Leverage, also das englische Wort für Hebelwirkung. Die Wahl des englischen Begriffs hat keinen tieferen Sinn, außer dass sich hierdurch ein leicht merkbares Wort ergibt (EGAH lässt sich halt nicht so gut aussprechen). Was ist mit Hebelwirkung gemeint? Zum Beispiel: sinnvolle Planung, Delegieren, cleveres Nutzen von Ressourcen. Für mich ist der zeitliche Engpass oft die Zeit, die ich im Büro bin und mit Kunden und potentiellen Neukunden telefonieren kann. Leverage bedeutet für mich deshalb im Rahmen der Wochen-planung oft, mir Gedanken über die Zuordnung von Aufgaben zur Bürozeit zu machen und die Zeit in verschiedenen Verkehrsmitteln sinnvoll zu gestalten: Was kann ich in der Bahn erledigen? Was kann bis Donners-tag warten und vom Auto aus gesteuert werden? Was kann ich sogar im Flugzeug erledigen?

Die Kolibri-Story

Es war einmal ein kleiner Kolibri. Er lebte in einem Wald. Der Wald fing eines Tages an zu brennen. Alle Tiere sind geflüchtet. Nur der kleine Kolibri nicht. Der kleine Kolibri flog uner-  müdlich zwischen dem Wald und dem nahe gelegenen See hin und her, jeweils mit ein paar Tropfen Wasser im Schnabel. Nach einer Weile fingen die anderen Tiere an, über den kleinen Kolibri zu spotten und fragten ihn, ob er ernsthaft glaube, dass er in der Lage sei, den Brand zu löschen. Daraufhin der kleine Kolibri: „Nein, das schaffe ich sicher nicht. Aber ich leiste meinen Beitrag!"

Vergessen Sie nicht, welchen Beitrag Sie und die Menschen in Ihrem Umfeld (beruflich und privat) jeden Tag leisten. Dieses Buch ist mein kleiner Beitrag zu einer weiteren Erhöhung Ihrer Zeitintelligenz, mit noch besseren Ergebnissen und einer noch höheren Zufrieden- heit.

Lassen Sie dies nicht das Ende, sondern der Anfang einer Reise sein.

Zach Davis

Berufliche Danksagung

Danken möchte ich meinen Seminarteilnehmern, Einzel-coachingklienten und Kunden. Nur aufgrund der in dieser Zusammenarbeit gemachten Erfahrungen sind die Tipps und Beispiele aus der Praxis und für die Praxis.

Danken möchte ich Mitarbeitern und Dienstleistern, die mich bei der Vielzahl der Projekte, Ziele, Veränderungen und verrückten Ideen tatkräftig und zuverlässig unter-stützen. Alleine könnte ich diesen „normalen Wahnsinn" ganz sicher nicht auf die Beine stellen.

Danken möchte ich auch meinem kleinen, aber feinen Trainerteam, das mir viel Freude und einen wachsenden strategischen Bereich „Umsatz ohne ZD" beschert.

Zach Davis

Private Danksagung

Danken möchte ich meiner Familie für die gemeinsamen Erinnerungen, die wir schon jetzt miteinander teilen dürfen. Viele Dinge, die unsere Familie betreffen, sind primär der Verdienst meiner Frau, die als „Familien-managerin" mindestens so viel leistet wie ich im Job.

Zach

Kontakt

Zur Kontaktaufnahme sind Sie herzlich eingeladen:

Firmenseminare, Vorträge & Coaching
info@peoplebuilding.de

Xing, Facebook, LinkedIn & Co
Hier finden Sie Zach Davis leicht

Kostenlose Effektivitäts-Tools
www.peoplebuilding.de

Anschrift
Peoplebuilding
Egerlandstr. 80
82538 Geretsried

Telefon
08171-23842-00

PoweReading-Automatic-Trainer:
www.peoplebuilding.de/PoweReading-Automatic-Trainer
(100-Euro-Gutschein anwendbar als Leser dieses Buchs!)

Jahresprogramm für mehr Erfolg & Zufriedenheit:
www.peoplebuilding.de/Effektivitaets_Code_Jahresprogramm
(100-Euro-Gutschein anwendbar als Leser dieses Buchs!)

Trainer, Speaker & Autor

Nach seinem Studium der Betriebswirtschaftslehre an der Universität Köln und seiner Tätigkeit als Human Resources Berater bei der KPMG Consulting AG hat Zach Davis 2003 das Trainingsinstitut Peoplebuilding gegründet.

Zach Davis gilt laut Perfect Speakers zu den Top 100 Referenten in Deutschland und wurde als US-Amerikaner im Jahr 2007 in die Personenenzyklopädie „who is who in der Bundesrepublik Deutschland" aufgenommen, welches Personen des öffentlichen Lebens porträtiert, die exzellente berufliche und persönliche Leistungen erbracht haben.

In den Medien wird er als einer der gefragtesten und innovativsten Akteure im deutschen Markt bezeichnet. Zach Davis wird regelmäßig als Speaker für Veranstaltungen unterschiedlichster Art gebucht und zu Fragen rund um das Thema „persönliche Effektivität" interviewt. Er besitzt Lehraufträge an mehreren Hochschulen und ist Autor zahlreicher Buch-, Audio- und Videoprodukte.

Neben dem Thema Zeitintelligenz hat er sich auf den Bereich „PoweReading" spezialisiert. Seine erprobten Schritt-für-Schritt-Systeme werden unterhaltsam vermittelt und sind sofort gewinnbringend einsetzbar. 94 Prozent seiner Seminarkunden buchen ihn nach der Erstbuchung erneut – viele davon seit Jahren.

Der Autor Zach Davis

Zach Davis ist der Autor von insgesamt 11 Titeln.

Leseeffizienz, Merkfähigkeit, Informationsflut:

   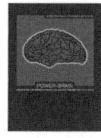 

1 – Bestseller-Buch PoweReading (Leseeffizienz)
2 – Video-DVD „PoweReading-Automatic-Trainer"
3 – Audio-CD „PoweReading-Nachhaltigkeits-Trainer"
4 – Video-CD „Power-Brain" (Merkfähigkeit)
5 – Audio-CD: Interview mit Weltmeister im Namenmerken

Zeitmanagement, Zeitintelligenz, Ziele erreichen:

1 – Buch: vom Zeitmanagement zur Zeitintelligenz
2 – Video-DVD „Mehr schaffen in weniger Zeit"
3 – 8-teilige Audioserie „Der Effektivitäts-Code"
4 – Jahresprogramm „Gewohnheiten leicht ändern"

Sonstiges:

1 – Taschenbuch „Top o. Flop in d. Personalentwicklung"
2 – Co-Autor „WARUM - 22 Fragen an Top-Referenten"

PoweReading®: doppelt so schnell lesen. Garantiert!

In unserem zweiten Schwerpunkt (neben Zeitintelligenz) lernen Sie mit PoweReading ein bewährtes Schritt-für-Schritt-System kennen, das eine erhebliche Steigerung Ihrer persönlichen Lesegeschwindigkeit garantiert. Hierbei werden unter anderem die natürlichen Stärken des Auges und Gehirns genutzt, die Aufnahmefähigkeit verbessert und das Gedächtnis trainiert.

Eine wissenschaftliche Studie über PoweReading beweist: 1378 Teilnehmer erzielten durchschnittlich eine Tempo-steigerung von 124,5 % bei 4 % höherem Textverständnis. Eine regelmäßige Messung zeigt in Veranstaltungen den tatsächlichen eigenen Fortschritt auf. Zudem erhalten Sie einen Einblick in die Welt der Gedächtniskünstler.

Stimmen zu PoweReading:

„Erleichtert die Bewältigung der Informationsflut enorm!"
Patrick Schmidt, Anwalt Banking/Finance, Clifford Chance

„Beim begleitenden MBA extrem (über-)lebenswichtig!"
Anne Keibel, Human Resources Consultant, Adecco

„Ein großer Nutzen: dreifaches Lesetempo erreicht!"
Knut Dreesbach, obere Führungskraft, Siemens Hamburg

Dieses Buch in Sonderauflage Ihres Unternehmens

Sie sind auf der Suche nach einem Geschenk für Ihre Kunden, Mitarbeiter oder andere wichtige Personen und wollen nicht wie die meisten Unternehmen Kugelschreiber oder Ähnliches verschenken? Ein gutes Buch hat man ein Leben lang! Fast alle arbeitenden Menschen (Akademiker und Führungskräfte fast ausnahmslos) haben zu wenig Zeit. Hier kann eine Sonderauflage ins Spiel kommen.

Als uns ein Kunde fragte, ob es möglich sei, eine spezielle Firmenedition des Buchs PoweReading als Kundengeschenk zu erhalten, waren wir zunächst skeptisch. Wir haben aber die Hürden aus dem Weg räumen können. Nun gibt es die Möglichkeit, beide Bücher mit folgenden unternehmensspezifischen Komponenten zu erhalten:

- Banner auf Vorderseite über die komplette Breite des Covers, z.B. mit Unternehmensnamen, Logo und Slogan (alles in Ihrer eigenen Corporate Identity)
- Ein individuelles Vorwort eines Geschäftsführers, Vorstands oder einer beliebigen anderen Person, z.B. dem internen Sponsor, als Klappentext vorne
- Eine Imageanzeige Ihres Unternehmens oder Ähnliches als Klappentext hinten

Wir können dies bereits ab einer Auflage von 100 Stück für Sie realisieren und das zu einem Preis, der weit (!) unter dem regulären Stückpreis (und somit wahrgenommenen Wert) liegt. Kontaktieren Sie uns hierzu unter der Tel.nr. 08171-23842-00 oder info@peoplebuilding.de!

Referenzen (Auszug)

  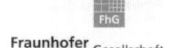

Hochschullehrtätigkeit

Referententätigkeit

Zach Davis wird regelmäßig als Referent für Veranstaltungen unterschiedlichster Art gebucht: Veranstaltungsreihen, Kunden/Mitarbeiterveranstaltungen, Verbandstreffen, Führungskräfteevents etc.

Auszug Top-Veranstaltungsreihen:
- Von den Besten profitieren Chemnitz (Freie Presse)
- Denkanstösse Stuttgart (Stuttgarter Zeitung)
- Wissensforum München (Süddeutsche Zeitung)
- DK-Forum Wissen Ingolstadt (Donaukurier)
- Erfolgsimpulse Wien (Der Standard)
- Standort Niederrhein (Neusser Zeitungsverlag)
- Impulse Saarbrücken (Saarbrücker Zeitung)
- Lernen lernen Oldenburg (NWZ Wissen)
- ExpertenForum Nürnberg (Nürnberger Nachrichten)
- KN-Forum Wissen Kiel (Kieler Nachrichten)
- Expertenforum Berlin (Berliner Morgenpost)

Pressestimmen

Zach Davis wird regelmäßig zu Fragen rund um das Thema „persönliche Effektivität" interviewt. So urteilt die Presse über seine Methoden, Inhalte und Veranstaltungen:

„Innovator. Infotainment auf höchstem Niveau!" **Handelsblatt**

„Zach Davis begeistert 220 Teilnehmer!" **Hessischer Rundfunk**

„Zweistündiges Seminar mit tollem Erfolg." **Mittelbayerische Zeitung**

„Er zog das Publikum mit seinem Vortrag in seinen Bann!" **Value News**

„Kurzweilig und informativ – großer Erfolg bei Schülern!" **Amberger Zeitung**

„Einer der jüngsten erfolgreichen Trainer in Deutschland!" **Sparkassenzeitung**

„Davis... führenden Experten für innovative Zeitspar-Strategien" **Baustoffmarkt**

„Zach Davis lehrt, wie man mit Maximalgeschwindigkeit liest!" **Welt am Sonntag**

„Ausnahmslos positive Rückmeldungen der Teilnehmer!" **Düsseldorfer Ausbilderkreis**

„Zach Davis – Leseexperte Nr. 1 in Deutschland und Bestsellerautor" **Radio Charivari**

„Gefragter Trainer, Redner und Autor für persönliche Effektivität!" **F.A.Z.-Institut**

„Mit seinen Effektivitäts-Systemen sehr erfolgreich!" **Magazin Bank Fachklasse**

„Zach Davis zählt zu den innovativsten Effektivitäts-Experten!" **Der Kriminalist**

„Gehört zu den führenden Experten in Deutschland." **Hotelling/Jobtelling**

„Einer der führenden Experten Deutschlands!" **Business-wissen.de**

„Professionelles Methodentraining–dynamisch!" **Taunus Zeitung**

„Einer der Hauptakteure im Trainermarkt!" **Stuttgarter Zeitung**

„Informatives und dynamisches Interview!" **Antenne Bayern**

„Sympathisches Auftreten!" **Mensa Deutschland**

„Der neue Star in der Trainerliga!" **RTL**

100-Euro-Gutschein

100-Euro-Gutschein

Dieser Gutschein berechtigt Sie als Käufer dieses Buchs zu einer Preisreduktion von 100 Euro bei der Teilnahme an einem Seminar von Peoplebuilding (gilt nicht bei Veranstaltungen über Kooperationspartner).

Ebenfalls anwendbar ist dieser Gutschein auf den PoweReading-Automatic-Trainer und das Jahresprogramm für mehr Erfolg und Zufriedenheit. Dies gilt bei beiden Produkten für den Kauf in unserem Webshop und nicht auf Veranstaltungssonderpreise oder Rabattaktionen.

Bitte geben Sie bei der Bestellung einen Hinweis zum Rabatt über 100 Euro durch den Kauf dieses Buchs an.

Schlussbemerkung

Ich hoffe sehr, Ihnen durch dieses Buch neue Perspektiven eröffnet zu haben und dass es ein Beitrag ist zur einer stärker ausgeprägten zeitlichen Freiheit. Wenn dies so ist, dann haben wir unser gemeinsames Ziel erreicht. Ich wünsche Ihnen bei der Realisierung Ihrer weiteren Ziele und Träume alles Gute!

Wir bei Peoplebuilding würden uns freuen, Sie weiterhin unterstützen zu dürfen – sei es in Form von Büchern, Multimediaprodukten (z.B. PoweReading-Automatic-Trainer oder Jahresprogramm für mehr Erfolg und Zufriedenheit; 100-Euro-Gutschein anwendbar), einer Teilnahme an einem offenen Seminar (Gutschein auch anwendbar), Einzelcoaching oder einem Seminar oder Vortrag für Ihre Mitarbeiter oder Kunden.

Bleiben Sie mit uns in Verbindung, gerne auch über unseren Newsletter oder die bekannten Netzwerke wie Xing, Facebook, LinkedIn & Co.!

Zach Davis